应用型本科规划教材|机器人技术及应用

电气控制技术及 PLC 应用

荆学东　主编

上海科学技术出版社

内 容 提 要

本书结合应用型教材的要求和编写团队多年来从事电气控制技术的研发经历编写而成。全书首先介绍了电气控制技术的发展历程、电气控制系统的组成和设计须具备的基本能力;然后介绍了常用低压电器如继电器、接触器、熔断器等的基本知识,以及其他低压电器的特点、应用场合及选择方法等;并以此为基础,给出常用电机和常用执行器的特点、应用场合及其控制方式;就结构组成而言,任何电气控制系统都基本上是上述单个对象的组合,教材随即介绍了可编程控制器的软硬件构成、分类及应用。第 5 章为第 1~3 章内容的具体应用,为电气控制系统设计人员提供了完整可行的设计思路、设计方法和设计步骤。

本书可用作应用型本科院校机器人技术相关专业教材,同时也可供电气控制系统开发人员特别是初学者学习参考。

图书在版编目(CIP)数据

电气控制技术及PLC应用 / 荆学东主编. -- 上海 :
上海科学技术出版社, 2022.10
 应用型本科规划教材. 机器人技术及应用
 ISBN 978-7-5478-5778-6

Ⅰ. ①电… Ⅱ. ①荆… Ⅲ. ①电气控制-高等学校-
教材②PLC技术-高等学校-教材 Ⅳ. ①TM921.5
②TM571.6

中国版本图书馆CIP数据核字(2022)第136982号

电气控制技术及 PLC 应用

荆学东　主编

上海世纪出版(集团)有限公司
上海 科 学 技 术 出 版 社　　出版、发行
(上海市闵行区号景路 159 弄 A 座 9F-10F)
邮政编码 201101　　www.sstp.cn
上海锦佳印刷有限公司印刷
开本 787×1092　1/16　印张 13.75
字数:340 千字
2022 年 10 月第 1 版　2022 年 10 月第 1 次印刷
ISBN 978-7-5478-5778-6/TH·94
定价:55.00 元

本书如有缺页、错装或坏损等严重质量问题,请向工厂联系调换

丛书前言

当前,机器人技术、人工智能技术和先进制造系统相结合,促进了智能制造系统的产生和发展,并成为现代制造业发展的必然趋势。在汽车制造业、装备制造业、电子制造业等智能制造系统中,以工业机器人为中心的机器人工作站成为连接制造系统中各个制造单元的关键环节。机器人工作站的开发和使用需要高水平应用型人才,机器人工程专业正是为了满足此类人才培养需求而开设,它属于典型的新工科专业之一,是为了适应以新技术、新产业、新业态和新模式为特征的新型制造业的发展需求而设立的。本套丛书就是为培养高水平应用型机器人工程专业人才而组织撰写。

工业机器人的应用,就是根据焊接、喷涂、装配、码垛等作业需求,通过选择作业机器人、配置机器人作业外围设备、开发机器人工作站控制系统,完成机器人工作站的开发。机器人工程专业毕竟是新兴专业,其专业内涵已经不是传统的机械工程专业或自动化专业所能够覆盖,也不是在这两个专业原有课程体系的基础上增加机器人技术课程就能够体现。应用型机器人工程专业的课程体系需要以开发机器人工作站为目标进行重新构建。在这个新的课程体系中,除了高等数学、线性代数、大学物理等学科基础课外,核心专业基础课和专业课程还包括:电气控制技术及 PLC 应用,机电一体化系统设计,机器人焊接、喷涂与激光加工工艺及设备,机器人末端执行器、作业工装及输送设备设计,工业机器人技术及应用。这 5 门课程的内容,体现了机械工程、控制科学与工程、信息技术的交叉融合。

开发机器人工作站需要把机器人与外围设备相集成,目前应用最多的技术是 PLC 技术,因此,开设"电气控制技术及 PLC 应用"课程成为必然。此外,工业机器人工作站是典型的机电一体化系统,它也包括电气控制系统、检测系统和机械系统,因此,开设"机电一体化系统设计"这门课,也是为开发机器人工作站提供基本的方法和技术手段。另外,要完成机器人工作站开发,设计人员需要掌握与机器人作业相关的工艺,典型的工艺包括焊接工艺、喷涂工艺、装配工艺等,设计人员也需要熟悉与这些作业有关的设备,因此,"机器人焊接、喷涂与激光加工工艺及设备"课程就是为这一目的而开设的。此外,工业机器人要完成焊接、装配、喷涂等作业,需要在机器人末端法兰安装手爪即末端执行器,还需要工件传输设备,开设"机器人末端执行器、作业工装及输送设备设计"课程正是为满足此要求而开设。要完成机器人工作站的开发,需要掌握工业机器人组成、轨迹规划、编程语言及控制策略,也包括机器人工作站的组成,"工业机器人技术及应用"课程的开设正可以实现该目的。

本丛书 5 分册教材,分别与上述 5 门课程对应撰写。其内容涵盖了机器人工作站开发所涉及的作业工艺、工装夹具、末端执行器，也包括了机器人工作站开发所涉及的电气控制技术、检测技术和机械设计技术的应用方法，构成了机器人工程专业的核心教材体系；每分册教材都体现了应用型教材的特点，即以应用为导向，以典型实例引导读者理解和掌握机器人工作站的设计目标、设计方法和设计流程。丛书中每一分册教材涵盖的内容都较为全面，便于授课教师根据学时进行取舍，也便于读者自学。

　　本丛书针对机器人工程专业撰写，既考虑了以机械为主的机器人工程专业的需求，也考虑到以自动化为主的机器人工程专业的需求。同时，本套丛书也可供机械工程专业以及自动化专业人员系统学习机器人工作站开发技术学习、参考。

丛书编写组

前　言

电气控制是指利用由相关电气元器件组成的控制系统,完成控制对象或生产过程的自动控制,并保证被控对象安全、可靠地运行。以可编程控制器(programmable logic controller,PLC)为核心的电气控制系统具有控制系统设计便捷、可靠性高和性能价格比高的优点,在生产过程特别是现场设备的控制中应用较为普遍。要开发这种控制系统,需要掌握电气控制技术及 PLC 控制技术。

编写本书时,编者充分考虑到电气控制系统开发人员特别是初学者,应用 PLC 开发电气控制系统面临的困难和挑战。建议初学者首先掌握电气控制系统中常用低压电器的类型、特点及用途,它们是组成电气控制系统的基本元器件;以此为基础,本书给出了常用电机以及泵、风机、阀门等常用执行器的特点、应用场合及其控制方式,这些内容为单个控制对象的设计提供了依据;就结构组成而言,任何电气控制系统都基本上是上述单个对象的组合,为了实现对这些对象的 PLC 控制,需要了解常用 PLC 的类型、结构组成、输入输出特点及配置方法。在掌握了以电机、泵、风机和阀门等为对象的基本控制单元后,根据控制对象的类型和数量,将它们组合起来,形成总的控制系统;之后,可以基于每一个控制对象的时序要求,利用 PLC 开发总控制系统应用程序。

为了实现 PLC 电气控制系统开发目标,编者结合应用型教材的编写要求和多年从事电气控制技术的研发经历,将本书分为 5 章,概括介绍如下:

第 1 章介绍了电气控制技术的发展历程、电气控制系统的组成、电气设计标准和规范、常用的电气控制系统设计软件和电气控制系统设计须具备的基本能力。

第 2 章介绍了常用低压电器的基本知识,具体包括继电器、接触器、熔断器、低压开关、低压断路器、主令电器、隔离开关、组合开关、漏电保护器、启动器和其他低压电器的特点、应用场合及选择方法。

第 3 章介绍了普通交流电机、交流伺服电机、步进电机、普通直流电机、直流伺服电机、泵、阀、阀门和风机的电气控制系统组成及其控制方法。

第 4 章介绍了 PLC 的硬件结构及软件构成、分类,并重点介绍了西门子 PLC、三菱 PLC 及其应用。

第 5 章是本书的精华,为电气控制系统设计人员提供了完整、可行的设计思路、设计方法和设计步骤。该章介绍了 PLC 电气控制系统设计流程,PLC 控制系统功能定义、功能分解及求解,PLC 控制系统设计技术指标确定,电气控制系统设计的要求和步骤,控制系统功能定义和设计指标量化,电气控制单元设计、检测系统设计及 PLC 控制系统设计方法。第 5 章内容是第 1～3 章相关内容的具体应用。

本书第 1～3 章和第 5 章由上海应用技术大学荆学东完成,第 4 章由上海应用技术大学侯怀书完成。

本书可以作为高等院校电气工程及其自动化专业、自动化专业、机器人工程专业、机械工程专业的本科生教材,也可为学习、掌握电气控制及 PLC 技术和应用的工程技术人员提供参考。

编者

目　录

第1章

电气控制技术基础

◎ 学习成果达成要求

1. 了解电气控制技术发展历程。
2. 掌握电气控制系统的组成。
3. 了解电气控制系统设计规范。
4. 熟悉电气控制系统常用设计软件。
5. 了解电气控制系统设计的基本能力要求。

《《《

本章主要介绍电气控制技术的发展历程、电气控制系统的组成、电气设计标准和规范、电气控制系统设计软件以及电气控制系统设计须具备的基本能力。

1.1 电气控制技术的发展历程

电气控制是指按照控制对象的控制要求,利用相关电气器件的组合,通过电压、电流、频率、通断、连锁和速度控制等手段,实现对控制对象或生产过程的控制要求,并保证控制对象安全、可靠地运行。截至目前,电气控制技术发展经历了开关控制、继电器控制、数字逻辑控制和计算机控制四个阶段。

1.1.1 开关控制阶段

早期的电气控制系统比较简单,主要是实现电器和电源之间的通断控制。受到当时的电力和电子技术条件限制,早期电器的电压和电流都不大,而且开关一般都是裸露,又称可见断点开关,如图1-1所示,其典型代表是闸刀开关和拨动开关,至今仍在使用。

早期的闸刀开关一般由人直接操作,开关的通断速度不可能很快,所以只能用于低电压、低电流的控制场合。闸刀开关主要应用于照明系统的通断控制,也用于电机的启停控制。

(a) 1884 年的闸刀开关　　(b) 1919 年的拨动开关

图 1-1　早期的电气开关类型

因为高电压、大电流的开关在开关过程中会产生很强的电弧,这会烧坏开关的接触部分,危及操作人员的人身安全。为了解决电弧的危害,现在的开关一般采用五种措施:①在开关上使用机械速动装置,减少电弧产生的时间;②使用灭弧装置降低电弧和温度;③用外壳将开关完全闭合,避免对人造成伤害;④用杠杆机构操作开关,使人处于安全位置;⑤采用电动操作机构,实现开关的遥控和自动控制。

1.1.2 继电器控制阶段

继电器是一种电控制器件,是指当其输入量(激励量)的变化达到规定要求时,在其电气输出电路中使被控量发生预定的阶跃变化的电器,如图 1-2 所示。继电器通常应用于自动化的控制电路中,它实际上是用小电流去控制大电流的一种"自动开关"。继电器在电路中起着自动调节、安全保护和转换电路等作用。

图 1-2　继电器

在电机驱动技术发展成熟时,利用继电器的组合,可以实现顺序控制。继电器顺序控制方式主要基于按钮、行程开关、继电器和接触器,实现机电设备和电气装置的自动控制。继电器接触器控制电机启停如图 1-3 所示。

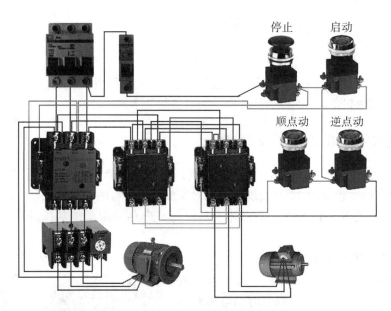

图 1-3　继电器接触器控制电机启停

在继电器顺序控制时代,自动控制是用数量较少的继电器、接触器及简单的保护元器件组成的继电器-接触器系统,实现控制对象按照一定的时序运行。各种接触器和继电器的使用对电气控制技术的发展具有决定性的意义,其控制和运行方式彻底改变了开关柜只能近距离运行的概念,开启了远距离电气运行的时代。与早期的开关柜相比,继电器具有以下特点:

(1)具有记忆功能。继电器触点可以连接成自保持电路,即使控制信号消失,继电器仍然可以保持控制指令的状态,这是继电器的记忆功能。继电器的记忆功能是实现自动控制的基本条件,在电气自动控制中应用广泛。

(2)动作速度快。继电器的动作一般由电磁铁控制,其动作速度一般只有十分之几秒,比其他机械结构的开关电器速度快,有利于减少电弧,可用于电压较高、电流较大的控制场合。

(3) 可以实现远程控制。继电器控制回路中的电流很小,所以在控制回路导线截面积不变的情况下,压降很小,可以实现远距离控制。

(4) 可以实现非电量控制。时间继电器可以用来控制时间;速度继电器可以用来控制速度;温度继电器可以用来控制温度;磁场可由干式弹簧或磁保持继电器控制。继电器对非电量的控制极大地拓展了电气自动控制的应用领域。

(5) 具有放大作用。继电器采用工作电流较小的控制电路来控制通断能力大的主触头,可以用于控制大功率的电路,所以继电器具有放大功能。

(6) 可以实现各种保护。如可以实现失电压保护、欠电压保护、过电压保护、短路保护、过电流保护、过载保护和断相保护等功能。

(7) 可以实现监控功能。根据每个继电器的控制功能,通过将信号灯和报警装置连接到其触点上,可以显示控制电路各部分的工作状态,实现故障显示、报警和监控功能。

(8) 扩大控制范围。当多触点继电器的控制信号达到一定值时,可以根据触点组的不同形式,同时接通和断开多个电路。

(9) 集成信号功能。根据电气控制逻辑的需要,当多个控制信号以指定的形式(串联、并联或混合连接)输入多绕组继电器时,通过比较和综合可以达到预定的控制目标。

由于继电器的出现,人类实现了电气控制的自动化。继电控制系统的主要缺点是控制的非线性,也存在连接方式固定、灵活性差、工作频率低等问题,难以满足复杂多变的控制对象要求。由于继电器控制系统中触点过多,触点腐蚀、烧蚀、熔合、接触不良,使得继电器控制系统故障率高、可靠性差。为了解决这些问题,数字逻辑控制的出现成为必然。

1.1.3 数字逻辑控制阶段

开关电器和继电器控制的本质是开关值的控制,只有"ON"和"OFF"或者"1"和"0"两种状态。这里的数字逻辑控制阶段是指利用逻辑门电路实现的数字逻辑控制。利用继电器控制系统实现这些逻辑电路的结构复杂、成本高、可靠性差,并且存在不可避免的时间序列竞争问题,这些问题往往需要通过实验来解决。

在数字电路中,所谓"门"就是只能实现基本逻辑关系的电路。最基本的逻辑关系是"与""或"和"非",最基本的逻辑门是"与门""或门"和"非门"。逻辑门可以用电阻、电容、二极管和三极管等分立元件构成,成为分立元件门;也可以将门电路的所有器件及连接导线制作在同一块半导体基片上,构成集成逻辑门电路。晶体管逻辑电路如图 1-4 所示。

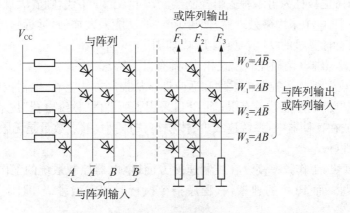

图 1-4 晶体管逻辑电路

20 世纪 60 年代出现了一种将继电器触点控制与电子技术相结合的控制装置,被称为顺序控制器,它能根据生产需要灵活的改变程序,使控制系统具有较大的灵活性和通用性。此时的顺序控制器仍然采用的是硬件手段(有触点),而且体积大,功能也受到了一定的限制。尽管如此,可以根据生产需要改变控制程序,通过插入组合逻辑元件实现继电器触点控制。然而这种装置体积庞大、功能有限,因此也促成了集成电路的诞生。

1958 年,美国德州仪器公司展示了全球第一块集成电路板,它是利用几根电线将五个电子元件连接在一起,就形成了历史上第一个集成电路。集成电路逻辑门芯片具有体积小、重量轻、功耗低、工作可靠的特点。由集成门电路、触发器、寄存器、编码器、解码器、半导体存储器组成的组合逻辑电路和时序逻辑电路广泛应用于电气自动控制,成功解决了组合逻辑电路的竞争风险问题。

数字逻辑控制阶段最成功的案例是数控机床的应用。1951 年,美国麻省理工学院正式制成第一台电子管数控机床样机,该样机是通过穿孔卡靠数字下达指令的、由电机驱动的机器。

1.1.4　计算机控制阶段

1946 年,世界上第一台电脑 ENIAC 在美国宾夕法尼亚大学诞生。由于集成电路的规模不断扩大、集成度越来越高,促使微电子技术不断进步,计算机的体积在不断减小、运算速度和功能不断增加,特别是微处理器的出现,使得计算机在控制领域的应用成为可能。

图 1-5　世界上第一台可编程逻辑控制器
(PicSource：SchneiderElectric)

1968 年,美国通用汽车公司(GM)为了适应生产工艺不断更新的需要,希望用电子化的新型控制器代替继电器控制装置,并对新型控制器提出了"编程简单方便、可现场修改程序、维护方便、采用插件式结构、可靠性要高于继电器控制装置"等要求。1969 年,美国数字设备公司(DEC)根据上述要求,研制出了世界上第一台可编程控制器(programmable logic controller，PLC),并成功运用到美国通用汽车公司的生产线上(图 1-5)。其后,日本、德国等国家相继研制出可编程控制器。

早期的可编程控制器(PLC)是为了取代继电器控制系统,仅有逻辑运算、顺序控制、计时和计数等功能,因而也被称为可编程逻辑控制器。20 世纪 80 年代,随着大规模集成电路和微机技术的发展,在 PLC 中采用微处理器,使得 PLC 的功能大大加强,远远超出了逻辑控制、顺序控制的范围,具有计算机的功能。典型 PLC 如图 1-6 所示。

PLC 控制模式与继电接触控制模式相比,具有以下特点:

(1)"以软代硬",增加了控制的柔性和适应性。从控制方法上看,电器控制系统控制逻辑采用硬件接线,继电器的触点数量有限;而 PLC 采用了所谓的"软继电器"技术,其控制逻辑是以程序的方式存放在存储器中,系统连线少、体积小、功耗小、触点数量是无限的,PLC 系统的灵活性和可扩展性好。

(2)控制速度快,工作频率高。在控制速度方面,继电器控制系统的工作频率低,机械触点会出现抖动问题。而 PLC 的速度快,程序指令执行时间在微秒级,且不会出现触点抖动问题。

（3）具有定时和计数功能。在定时和计数控制方面,电器控制系统采用时间继电器的延时时间易受环境温度变化的影响,定时精度不高;而 PLC 采用半导体集成电路作定时器,精度高、定时范围宽,不受环境的影响,且 PLC 具有计数功能。

（4）可靠性高,便于维护。在可靠性和可维护性方面,由于电器控制系统使用的是机械触点,使系统的可靠性和可维护性较低。采用 PLC 代替继电器实现控制功能,则可靠性和维护性均得到极大提升。

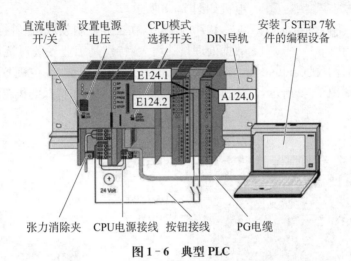

图 1 - 6 典型 PLC

图 1 - 7 是典型的基于 PLC 控制系统。PLC 可以用于继电控制,也可以用于检测信号、信息传递和远程控制。

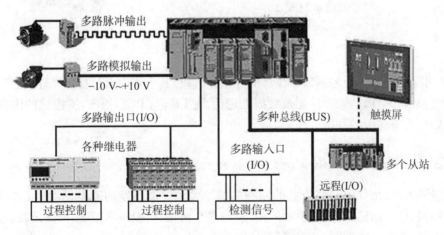

图 1 - 7 典型的基于 PLC 控制系统

PLC 技术以硬线继电器-接触器控制为基础,逐渐发展成为具有逻辑控制、计时计数、运算、数据处理、模拟量调节和联网通信等功能的控制装置。PLC 和相关外部设备是根据易于与工业控制系统集成和扩展其功能的原则设计的。PLC 已成为生产机械设备中开关控制的主要电气控制装置。

1976 年,Intel 公司推出了 MCS - 48 系列单片机,它是利用大规模集成电路技术把中央处

图 1-8　单片机控制步进电机

理器(central progressing unit，CPU)、存储器、中断系统、定时器/计数器、I/O 口、AD 转换电路集成到一片硅片上的微型计算机。单片机是将整个计算机系统集成到一个芯片中。单片机体积小、重量轻、价格便宜、软件可修改，为应用和开发提供了便利条件。利用单片机可以实现柔性控制、通信技术、多目标控制、仿真和智能控制。单片机控制步进电机如图 1-8 所示。

1970 年以后，在工业控制领域，随着控制对象的增多、数据处理量的增大，特别是工业现场对抗震和抗干扰要求的增加，工业控制计算机(industrial personal computer，IPC；简称"工控机")开始出现。工控机主板及工控机如图 1-9 所示，工控机采用专用的工控机主板和特殊的机箱。

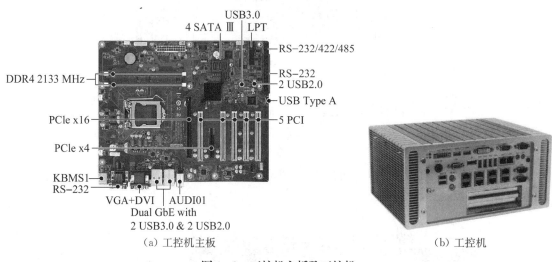

（a）工控机主板　　　　　　（b）工控机

图 1-9　工控机主板及工控机

工控机是专门为工业控制领域设计的专用计算机，其主要优点包括可靠性高、环境适应性强、实时性强、扩充性好、兼容性强及数据处理能力强等，与 PLC 相比，工控机的内存大、CPU 主频高，因而具有较大的数据处理能力。

1.2　电气控制系统的组成

电气控制系统由相关器件组成的回路构成。常用控制线路的基本回路包括电源供电回路、保护回路、信号回路、自动与手动回路、制动停车回路、自锁回路、互锁回路及联锁回路。一个典型的电气控制系统如图 1-10 所示。

1.2.1　电源供电回路

供电回路的供电电源有 380 V(AC)和 220 V(AC)等多种，可以为三相交流电机和单相交流电机供电(图 1-10)。对于直流伺服电机和步进电机，则需要直流电源。

1.2.2　保护回路

电气控制系统除了能满足生产机械加工工艺要求外，还应保证设备长期、安全、可靠、无故障地运行，在系统发生各种故障或不正常工作的情况下能对供电设备和电机实行保护。因此，

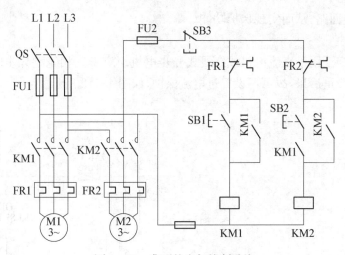

图 1－10　典型的电气控制系统

保护环节是所有电气控制系统不可缺少的组成部分。保护回路的工作电源有单相 220 V、36 V 或直流 220 V、24 V 等多种。保护回路对电气设备和线路进行短路、过载和失压等各种保护，由熔断器、热继电器、失压线圈、整流组件和稳压组件等保护组件组成。

　　1）短路保护

　　电机、电器及导线的绝缘损坏或线路发生故障时，都可能造成短路事故，较大的短路电流和电机可能使电器设备损坏。因此，要求一旦发生短路故障时，控制线路能迅速切除电源。常用的短路保护元件有熔断器和低压断路器。图 1－10 中，熔断器 FU1、FU2 分别为主电路、控制电路的短路保护。热继电器 FR 为电机的长期过载保护。

　　2）过载保护

　　电机长期超载运行，绕组温度将超过其允许值，造成绝缘材料老化、寿命减小，甚至会使电机损坏。常用的过载保护元件是热继电器，对大功率的重要电机，应采用反时限性的过电流继电器。图 1－11 是热继电器实现过载保护示意图，当环境温度超过热继电器的设定值时，热继

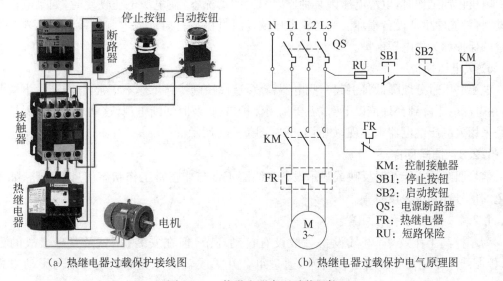

（a）热继电器过载保护接线图　　　　（b）热继电器过载保护电气原理图

图 1－11　热继电器实现过载保护

电器动作,切断主回路,从而实现保护功能。

3）过电流保护

过电流保护广泛用于直流电机或绕线式异步电机。对于三相笼型异步电机,由于其短时过电流不会产生严重后果,故可不设置过电流保护,如图 1-12 所示。

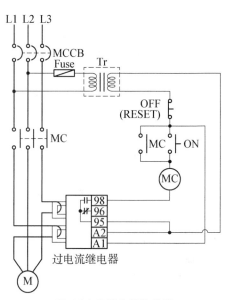

（a）过电流继电器   （b）过电流继电器接线图

图 1-12　过电流继电器过载保护

过电流是由于不正确的启动和过大的负载引起的,一般比短路电流要小,在电机运行中产生过电流比发生短路的可能性更大,尤其是在频繁正反转启动短时工作的电机中更是如此。

4）失电压保护

电机正常工作时,电源电压因某种原因消失的情况下,在电源电压恢复时,如果电机自行启动,将可能使生产设备损坏。为防止电压恢复时电机自行启动或电气元件自行投入工作而设置的保护称为失电压保护。

5）欠电压保护

电源电压过分地降低将引起一些电器释放,造成控制线路工作不正常,甚至产生事故。因此,在电源电压降到允许值以下时,需要采用保护措施,及时切断电源,这就是欠电压保护。通常是采用欠电压继电器来实现,如图 1-13、图 1-14 所示。

1.2.3　信号回路

信号回路是指能及时反映或显示设备和线路正常与非正常工作状态信息的回路,如不同颜色的信号灯和报警设备等。

1.2.4　自动与手动回路

为了提高工作效率,电气设备一般设有自动环节,但在安装、调试及紧急事故的处理中,控制线路中还需要设置手动环节,通过组合开关或转换开关等实现自动与手动方式的转换。

（a）单相欠电压继电器

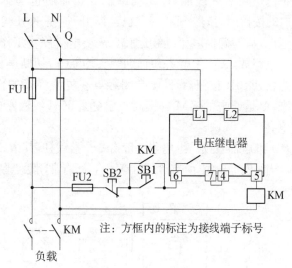

注：方框内的标注为接线端子标号

（b）单相欠电压继电器接线图

图 1-13　单相欠电压继电器及其接线图

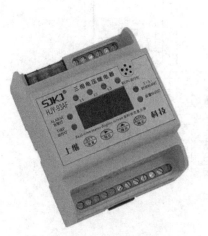

（a）三相欠电压继电器

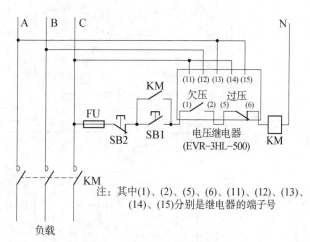

注：其中(1)、(2)、(5)、(6)、(11)、(12)、(13)、(14)、(15)分别是继电器的端子号

（b）三相欠电压继电器接线图

图 1-14　三相欠电压保护电路及其接线图

1.2.5　制动停车回路

制动停车回路是指切断电路的供电电源，并采取某些制动措施，使电机迅速停车的控制环节，如能耗制动、电源反接制动、倒拉反接制动和再生发电制动等。

1.2.6　自锁、互锁及联锁回路

电气控制系统中常用回路还包括自锁、互锁及联锁三种类型。

1）自锁

（1）按钮自锁。从图 1-10 中可以看出，电机启动时，合上电源开关 QS，接通控制电路。按下启动按钮 SB2，其常开触点闭合，接触器线圈 KM 得电吸合，接在 SB2 两端的辅助常开同时闭合。此时，主回路中，主触头闭合使电机接入三相交流电源启动旋转；二次回路中，SB2 按下后把电送到 KM 线圈,KM 辅助触点接通后也为 KM 线圈供电,形成了两路供电。松开 SB2 启动按钮时,虽然 SB2 一路已经断开,但是 KM 线圈仍通过自身辅助触点的通路保持给线圈通电,从而确保电机继续运转。需要电机停止工作时,可按下 SB1 按钮,此时接触器 KM 线圈失电释放,KM 主触头和辅助触头均断开,切断电机主回路与控制回路电源,电机停止工作。当松开 SB1 按钮后,SB1 常闭触点在复位弹簧的作用下又闭合,虽然又恢复到原来的常闭状态,但是原来的 KM 自锁触点已随着 KM 线圈断电而断开,接触器已不能再依靠自锁触点通电。

　　(2) 继电器自锁。继电器一般有 6 个接线柱,其中 3 个是常开触点,2 个是常闭触点,1 个是线圈。当线圈通电时,所有常开触点闭合,所有常闭触点断开。继电器自锁电路如图 1-15 所示。

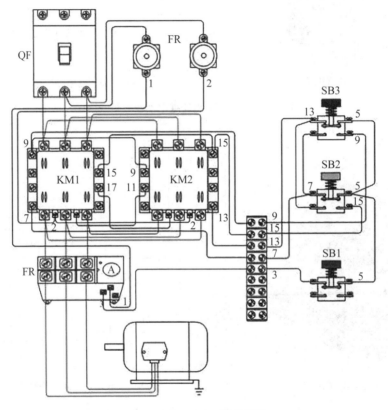

1、2、3、5、…、17—接线端子

图 1-15　继电器自锁电路

　　(3) 接触器自锁。接触器一般有 6 个接线柱,其中 3 个是常开触点,2 个是常闭触点,1 个是线圈。当线圈通电时,所有常开触点闭合,所有常闭触点断开。接触器自锁电路如图 1-16 所示。

　　图 1-16 中,SB2 为常开按钮,下方 KM 为接触器线圈,上方 KM 为接触器常开触点。若没有接触器的参与,即没有图中所有标有 KM 的地方,则 SB2 按下时回路通电,松开则断电(根据常开按钮特点,启动按钮都使用常开按钮)。当接入了接触器线圈,并且把常开触点和 SB2 并联时,若按下 SB2 时线圈瞬间通电从而闭合常开触点,就可保证松开 SB2 时回路依然有电。最常见自锁电路常用于启动和停止操作。

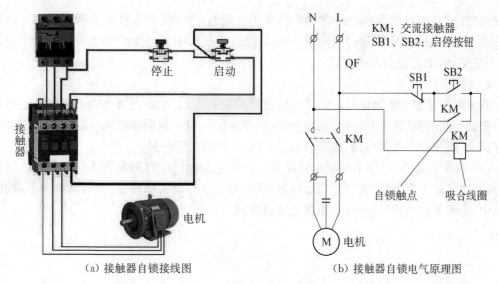

（a）接触器自锁接线图　　　　　　（b）接触器自锁电气原理图

图 1－16　接触器自锁电路

2）互锁

电气互锁是指通过继电器、接触器的触点实现互锁。若生产工艺要求两个控制对象不能同时动作,此时可以利用继电器和接触器实现互锁。可以将控制上述两个对象的一个继电器或接触器的常闭触点接入另一个继电器或接触器的线圈控制回路中,这样使得一个继电器或接触器得电动作,另一个继电器或接触器线圈上就不可能形成闭合回路,从而实现互锁。比如电机正转时,正转接触器的触点切断反转按钮和反转接触器的电气通路。自锁互锁电机控制回路电路如图 1－17 所示。

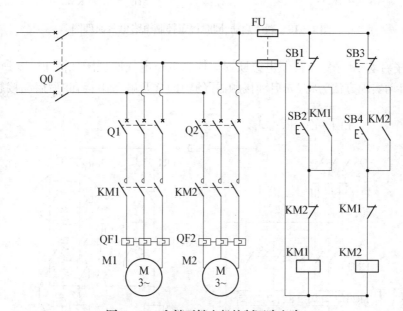

图 1－17　自锁互锁电机控制回路电路

图 1－17 中,SB1、SB2 为常闭按钮,SB3、SB4 为常开按钮;下方 KM1、KM2 为接触器线圈,上方 KM1、KM2 为接触器常开和常闭触点。对于电机 M1,按下 SB2 后 KM1 得电,此时

上方 KM1 常开触点吸合,松开 SB2 后 KM1 不会断电,此方法则为自锁,若要停止 M1 则按下 SB1 即可停止 M1;若 M1 运行期间按下 SB4,此时下方 KM1 处于断开状态则 KM2 不可得电, M1 不能启动,此方法为互锁方式。

　　3)联锁

　　联锁控制是多个控制信号之间建立的逻辑控制关系,是电器设备之间的一种联动控制方式。联锁控制的典型应用场合是顺序控制,顺序控制可以分为顺序启动、同时停车控制电路,顺序启动、顺序停车控制电路,顺序启动、逆序停车控制电路三种。

　　(1)顺序启动、同时停车控制电路联锁。控制电路电气原理图如图 1-18 所示。在该电路中,顺序启动实现方法为将"先启动接触器"的辅助常开触头串接在"后启动接触器"的线圈电路中,实现了启动顺序的制约,也就是联锁控制。

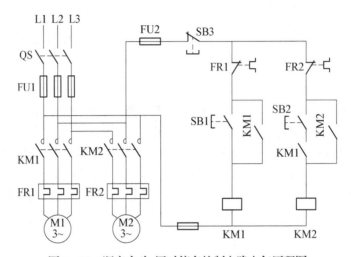

图 1-18　顺序启动、同时停车控制电路电气原理图

　　(2)顺序启动、顺序停车控制电路联锁。控制电路电气原理图如图 1-19 所示。在该电路中,顺序启动实现方法为将"先启动接触器"的辅助常开触头串接在"后启动接触器"的线圈

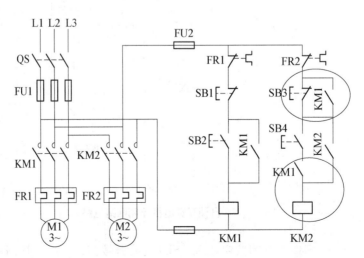

图 1-19　顺序启动、顺序停车控制电路电气原理图

电路中,实现了启动顺序的制约,也就是所谓的联锁控制。顺序停止实现方法为将"先启动接触器"的辅助常开触点并联在后启动控制线路中的停止按钮上,从而实现了顺序停止的制约,即联锁控制。

（3）顺序启动、逆序停车控制电路联锁。控制电路电气原理图如图1－20所示。在该电路中,顺序启动实现方法为将"先启动接触器"的辅助常开触点串接在"后启动接触器"的线圈电路中,实现了启动顺序的制约,也就是所谓的联锁控制。逆序停止实现方法为将"后启动接触器"的辅助常开触点并联在先启动控制线路中的停止按钮上,从而实现了逆序停止的制约,即联锁控制。

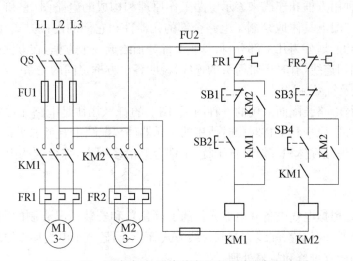

图1－20 顺序启动、逆序停车控制电路电气原理图

1.3 电气控制系统设计标准规范及常用设计软件

1) 电气设计标准和规范

在不同的环境条件和不同的应用场景中,需要按照相应的国家标准和规范对电器进行选型。在《电气设计(常用)规范》中列出了国家标准和行业标准,例如,《供配电系统设计规范》(GB 50052—2009)、《低压配电设计规范》(GB 50054—2011)、《建筑照明设计标准》(GB 50034—2004)等,设计标准为工程师们提供了设计参考和设计要求,电气的设计能满足国家标准或行业标准才算合格的设计。

2) 电气控制系统设计软件

常用的电气控制设计软件有五种,分别是 AutoCAD Electrical、Eplan、CADe_simu、Solidwords、SEE Electrical,每种软件有自己的特殊功能和优势。主流的电气控制系统设计软件是 AutoCAD Electrical 和 Eplan,其中 EPlan 是专业绘制电气制图软件。

1.4 电气控制系统设计须具备的基本能力

1.4.1 电气控制系统图设计能力

能够依据"电气制图标准 GB 6988""电气图用图形符号标准 GB 4728""电气设备用图形符号标准 GB 5465"以及"印制板制图标准 GB 5489"等,绘制电气控制系统图,以表达电气系统的工作原理和控制关系。电气控制系统图包括电气原理图、电气方框图、元件装配及符号标记图、电气接线图、电器元器件布置图、电器控制系统图和电气控制系统施工图等。

1）电气原理图

电气原理图是用来表明设备工作原理及各电器元件间作用的图形，一般由主电路、控制执行电路、检测与保护电路、配电电路等几部分组成。这种图直接体现了电子电路与电气结构及其相互间的逻辑关系，所以一般用于设计、分析电路中。分析电路时，通过识别图纸上所画各种电路元件符号以及它们之间的连接方式，就可以了解电路的工作原理和实际工作时的情况。

2）电气方框图

方框图是一种用方框和连线来表示电路工作原理和构成的电路图，它和上面原理图的主要区别在于：原理图上具体地绘制了电路全部的元器件和它们的连接方式，而方框图只是简单地将电路按照功能划分为几个部分，将每一个部分描绘成一个方框，在方框中加上简单的文字说明，在方框间用连线（有时用带箭头的连线）说明各个方框之间的关系。

3）元件装配及符号标记图

它是为了进行电路装配而采用的一种图纸，图上的符号往往是电路元件的实物形状。这种电路图一般是提供原理和实物对照时使用的。元器件装配图主要考虑所有元件的分布和连接是否合理，要考虑元件体积、散热、抗干扰、抗耦合等诸多因素，综合这些因素来设计出印刷电路板。

4）电气接线图

电气接线图是根据电气设备和电器元件的实际位置和安装情况绘制的图形，只用来表示电气设备和电器元件的位置、配线方式和接线方式，而不明显表示电气动作原理。它主要用于安装接线、线路的检查维修和故障处理。

5）电器元器件布置图

电器元器件布置图主要用来表明电气设备上所有电机和电器的实际位置，为生产机械电气控制设备的制造、安装、维修提供依据。

6）电气控制系统图

为了表达生产机械电气控制系统的结构、原理等设计意图，便于电气系统的安装、调试、使用和维修，将电气控制系统中各电器元器件及其连接线路用一定的图形表达出来，这就是电气控制系统图。

7）电气控制系统施工图

（1）图纸目录与设计说明。包括图纸内容、数量、工程概况、设计依据及图中未能表达清楚的各有关事项。施工图表达了供电电源的来源、供电方式、电压等级、线路敷设方式、防雷接地、设备安装高度及安装方式、工程主要技术数据和施工注意事项等。

（2）主要材料设备表。包括工程中所使用的各种设备和材料的名称、型号、规格、数量等，它是编制购置设备和材料计划的重要依据之一。

（3）系统图。如配电工程的供配电系统图、照明工程的照明系统图、电缆电视系统图等。系统图反映了电气控制系统的基本组成、主要电气设备、元器件之间的连接情况以及它们的规格、型号、参数等。

（4）平面布置图。它是电气施工中的图纸之一，包括电气设备安装平面图、照明平面图、防雷接地平面图等，用来表示电气设备的编号、名称、型号及安装位置、线路的起始点、敷设部位、敷设方式及所用导线型号、规格、根数、管径大小等。

（5）控制原理图。包括系统中各种电气设备的电气控制原理，用以指导电气设备的安装和控制系统的调试运行工作。

（6）安装接线图。包括电气设备的布置与接线，对其应与控制原理图对照阅读，进行系统的配线和调校。

（7）安装大样图。为详细表示电气设备安装方法的图纸，并对安装部件的各部位标注有具体图形和详细尺寸，是进行安装施工和编制工程材料计划时的重要参考。

1.4.2 电气控制系统硬件设计能力

电气控制系统的核心硬件是主控板或控制器，可以实现对各种电机、阀门、泵、风机、电磁阀的控制；也可以采集来自传感器或检测仪表的信号，来实现控制结果的是执行器。

1）计算机控制系统硬件设计

根据控制系统的对象类型、数量控制要求、数据处理要求，决定计算机的类型，包括工控机、单片机和PLC等；也需要确定与计算机实现通信的计算机总线类型、现场总线类型及相关器件。

2）控制对象及其驱动器和控制器的选择

根据控制对象的类型和控制要求，选择步进电机、直流伺服电机、交流伺服电机、普通直流电机、普通交流电机及其驱动器的类型；也需要根据泵、阀门、风机等控制对象要求，选择相应的执行器和控制器。

3）传感器选择和检测系统硬件设计

根据系统控制对象的控制要求、状态检测要求，选择合适的电参量、机械参量和过程参量传感器，并以此为基础，选择合适的信号调理器、模拟数字转换器（ADC）及数字模拟转换器（DAC）装置。

1.4.3 电气控制系统软件设计能力

按照控制系统设计要求，完成应用程序算法设计及应用程序设计，实现被控对象或生产过程的控制、状态显示、故障报警等功能。

1.4.4 电气控制柜设计能力

根据控制系统的设计要求，基于控制系统的硬件构成，能完成电气控制工艺设计，包括电气控制柜的结构设计、电气控制柜总体配置图、总接线图设计及各部分的电器装配图与接线图设计，同时还要列出元器件目录及主要材料清单等技术资料。

参考文献

［1］邓力，余传祥.工业电气控制技术[M].2版.北京：科学出版社，2013.

［2］朱晓慧，党金顺，胡江川，等.电气控制技术[M].北京：清华大学出版社，2017.

［3］李仁，王建平，杨冠鲁.电气控制技术[M].3版.北京：机械工业出版社，2008.

思考与练习

1. 简述电气控制技术的发展历程。

2. 简述电气控制系统的组成。

3. 简述电气控制系统设计规范。

4. 选择一种电气制图软件，绘制如图1-10所示的控制系统电气原理图。

第 2 章

常用低压电器

◎ 学习成果达成要求

1. 了解常用低压电器的用途、分类、结构及主要技术参数。
2. 理解各种常用低压电器的工作原理。
3. 掌握常用低压电器的选用方法。

≪≪≪

本章主要介绍继电器、接触器、熔断器、低压开关、低压断路器、主令电器、隔离开关、组合开关、漏电保护器和启动器等低压控制电器的结构、动作原理以及它们在电气控制电路中的应用,这些内容是电气控制系统设计的基础。

2.1 低压电器的基本知识

本书中的低压电器定义为:用于额定电压在 1500 V(DC)、1200 V(AC)及以下,能够根据外界施加的信号或要求,实现电路或非电路对象的切换、控制、变换、检测和保护等作用的基本器件。低压电器包括配电电器和控制电器两大类,它们是组成成套电气设备的基础配套元件,并为"弱电控制强电"奠定了基础。本章主要介绍控制电器。

2.1.1 低压电器的类型及功能

低压电器的种类较多,功能多样,用途广泛,构造及工作原理各不相同,因而有多种分类方法。为了便于选择和应用,可以按照电气传动特性进行分类。

按照电气传动特性,低压电器包括低压断路器、接触器、继电器、熔断器、主令电器、刀开关、转换开关、控制器和启动器等,这些常用低压电器的用途见表 2-1。

表 2-1 常用低压电器的主要类型及用途

序号	类别	主要类型	主要用途
1	低压断路器	框架式断路器	主要用于电路的过负载、短路、欠电压以及剩余电流动作保护,也可用于不需要频繁接通和断开的电路
		塑料外壳式断路器	
		跨速直流断路器	
		限流式断路器	
		剩余电流动作保护式断路器	

（续表）

序号	类别	主要类型	主要用途
2	接触器	直流接触器 交流接触器	主要用于远距离频繁控制负载,切断带负荷电路
3	继电器	电磁式继电器 时间继电器 热继电器 速度继电器 干簧继电器 温度继电器	主要用于控制电路中,将被控量转换成控制电路所需电量或开关信号
4	熔断器	瓷插式熔断器 螺旋式熔断器 有填料封闭管式熔断器 无填料封闭管式熔断器 快速熔断器 自复式熔断器	主要用于电路短路保护,也用于电路的过载保护
5	主令电器	控制按钮 位置开关 万能转换开关 主令开关	主要用于发布控制指令,改变控制系统的工作状态
6	刀开关	胶盖闸刀开关 封闭式负荷开关 熔断器式刀开关	主要用于不频繁接通和分断的电路
7	转换开关	组合开关 换向开关	主要用于电源切断,也可用于负荷通断或电路切换
8	控制器	凸轮控制器 平面控制器	主要用于控制回路的切换
9	启动器	电磁启动器 星型-三角形启动器 自耦减压启动器	主要用于电机的启动

2.1.2 低压电器电路图

为了便于表达电气控制方案,我国为低压电器规定了标准的图形符号和标记代号,见表 2-2。

表 2-2　常用电气图形符号和文字符号

类别	名称	图形符号	文字符号	类别	名称	图形符号	文字符号
开关	单极控制开关		SA	按钮	常开按钮开关		SB
	手动开关		SA		常闭按钮开关		SB
	三极控制开关		QS		复合按钮开关		SB
	三极隔离开关		QS		急停按钮开关		SB
	三极负荷开关		QS		钥匙操作式按钮开关		SB
	组合旋钮开关		QS	热继电器	热元件		FR
	低压断路器		QF		常闭触点		FR
	控制器或操作开关		SA	接触器	常开辅助触点		KM
接触器	线圈操作器件		KM		常闭辅助触点		KM
	常开主触点		KM	时间继电器	通电延时吸合线圈		KT
位置开关	常开触点		SQ		断电延时缓放线圈		KT
	常闭触点		SQ		瞬时闭合的常开触点		KT
	复合触点		SQ		瞬时断开的常闭触点		KT

（续表）

类别	名称	图形符号	文字符号	类别	名称	图形符号	文字符号
时间继电器	延时闭合的常开触点	或	KT	电压继电器	常开触点		KV
	延时断开的常闭触点	或	KT		常闭触点		KV
	延时闭合的常闭触点	或	KT	非电量控制的继电器	速度继电器常开触点	n	KS
	延时断开的常开触点	或	KT		压力继电器常开触点	p	KP
中间继电器	线圈		KA	熔断器	熔断器		FU
	常开触点		KA	电磁操作器	电磁铁	或	YA
	常闭触点		KA		电磁吸盘		YH
电流继电器	过电流线圈	$I>$	KA		电磁离合器		YC
	欠电流线圈	$I<$	KA		电磁制动器		YB
	常开触点		KA		电磁阀		YV
	常闭触点		KA	电机	直线电机	M	M
电压继电器	过电压线圈	$U>$	KV		步进电机	M	M
	欠电压线圈	$U<$	KV		三相笼型异步电机	M 3~	M

类别	名称	图形符号	文字符号	类别	名称	图形符号	文字符号
电机	三相绕线转子异步电机		M	互感器	电流互感器	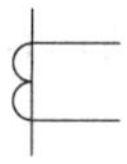	TA
	他励直流电机	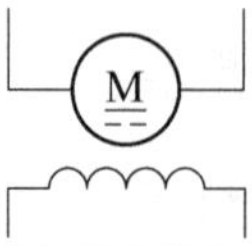	M	电阻器	电阻		R
	并励直流电机	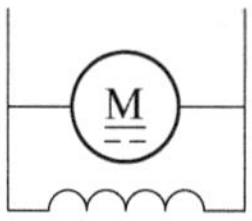	M		可调电阻		RP
	串励直流电机	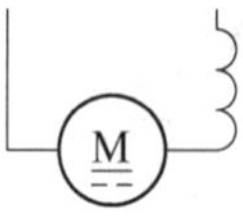	M	电容器	普通电容	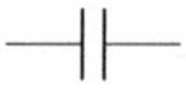	C
发电机	发电机	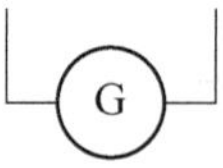	G		电解电容	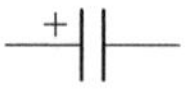	C
	直流测速发电机		TG	互感器	电压互感器	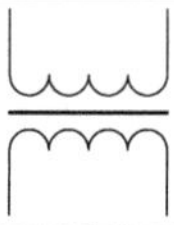	TV
变压器	单相变压器	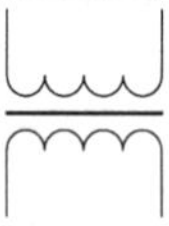	TC	电抗器	电抗器		L
	三相变压器	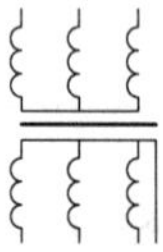	TM	二极管	普通二极管		VD
灯	信号灯（指示灯）		HL		稳压二极管		VZ
	灯，照明灯		EL	三极管	晶闸管		VS
接插器	插头和插座	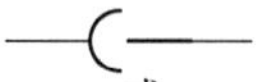 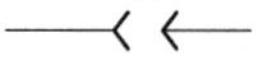	X 插头 XP 插座 XS		普通三极管		VT

　　根据电路的控制要求和逻辑关系，把低压断路器、接触器、继电器、熔断器、主令电器、刀开关、转换开关、控制器和启动器等低压电器与被控对象进行连接，形成电气电路图，如图 2-1～图 2-3 所示。

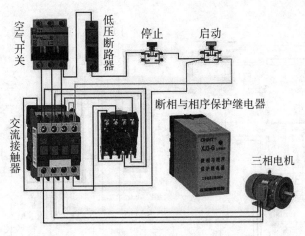

图 2 - 1　断相与相序保护继电器接线图

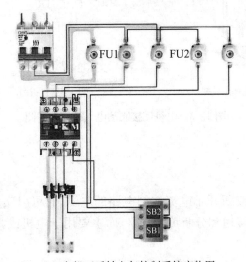

（a）电机正反转电气控制系统实物图

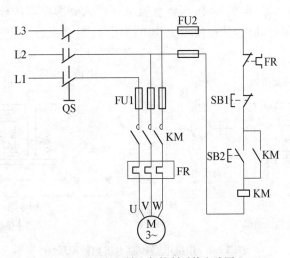

（b）电机正反转电气控制系统电路图

图 2 - 2　具有过载保护的正反转电气控制电路图

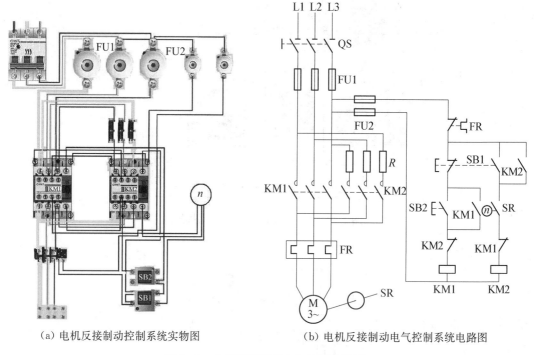

（a）电机反接制动控制系统实物图   （b）电机反接制动电气控制系统电路图

图 2-3   电机反接制动电气控制电路图

2.2 继电器

    继电器是一种能接通或断开小电流控制电路的电器，它可以实现控制电路状态的改变。继电器一般不可用来直接接通和分断负载电路，而主要用于电机或其他电路的保护以及生产过程自动化的控制。

    图 2-4 所示是用继电器控制电机启停原理图。图中电磁继电器工作原理是：电磁铁通电前，工作电路为开路状态，电机不转；当将直流电压输入到继电器的输入端，线圈通电，所产生的电磁力就会吸合触点动作，从而使得工作电路闭合，形成回路，电机旋转。

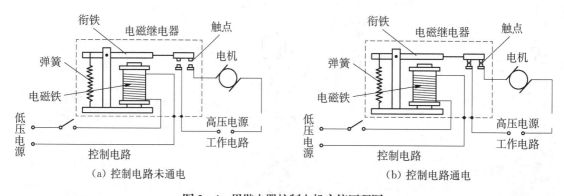

（a）控制电路未通电   （b）控制电路通电

图 2-4   用继电器控制电机启停原理图

    继电器除了线圈输入端外，一般有多路"常开触点"和多路"常闭触点"，继电器输入输出端子如图 2-5 所示。图中，当控制端输入直流"24 V"后，该继电器的"常开触点"闭合，同时"常闭触点"断开。

对于 220 V(AC)的单相交流负载及 380 V(AC)的交流负载控制，一般用直流 24 V 的微型继电器 KA 的主触点去控制交流接触器 220 V/380 V 的线圈，然后可以再用接触器的主触点去控制更大的电压，比如 380 V 的交流电等。

控制用继电器种类较多，常用继电器按用途可分为中间继电器、电流继电器、电压继电器、时间继电器、热继电器、温度继电器、压力继电器、计数继电器、频率继电器和速度继电器等。控制继电器按结构分为电磁式继电器和电子式继电器两大类，其中电磁式继电器结构简单、动作可靠，被广泛应用。

电子元器件的发展应用，推动了各种电子式继电器的出现，这类继电器比传统的继电器灵敏度更高、寿命更长、动作更快、体积更小，一般都采用密封式或封闭式结构，其通过插座的方式与外电路连接，便于迅速替换，能与电子线路配合使用。

图 2-5　继电器输入输出端子

本节主要介绍常用的电磁式(中间、电流、电压)继电器、时间继电器、热继电器、速度继电器和固态继电器等。

2.2.1　中间继电器

中间继电器可以将一个输入信号变成多个输出信号，用来增加控制回路或放大信号。因为其在控制电路中起中间控制作用，故被称为中间继电器。

根据负载电流类型不同，中间继电器分为交流中间继电器和直流中间继电器两大类：前者是指继电器的主触点通过直流电，后者是指继电器的主触点通过交流电。交流中间继电器多用于机床等电气控制系统，直流中间继电器多用于电子电路和计算机控制电路。

中间继电器如图 2-6 所示，中间继电器实质上是一种电压继电器，它由电磁机构和触头系统组成。电磁机构包括固定铁心、衔铁和电压线圈等部件，触头系统有动合触点和动断触点两种结构类型。中间继电器仅用于控制电路，基本结构与接触器类似，但触点数量较多，无主触点(无大电流触点)和灭弧装置，起中间放大作用。国家标准定义的接触器式继电器是指作为控制开关使用的接触器。实际上 20 A 以下的接触器都可以作为接触器式继电器使用。

中间继电器的工作原理为：当线圈外加额定控制电压 U_s 时，电磁机构衔铁吸合，带动触点动作；线圈电压为 $(20\% \sim 75\%)U_s$ 时衔铁释放，触点复位。

图 2-6　中间继电器

新型中间继电器触点闭合过程中动、静触点间有一段滑擦、滚压过程，这可以有效地清除触点表面的各种生成膜及尘埃，减小了接触电阻，提高了接触可靠性；有的还装有防尘罩和密封结构，也是提高可靠性的措施。有些中间继电器安装在插座上，插座有多种形式可供选择；有些中间继电器可直接安装在导轨上，安装和拆卸均很方便。

常用的中间继电器为 JZ7、JZ15、JZ17 等系列，型号说明举例如下：JZ7-62，JZ 为交流中间继电器的代号，7 为设计序号，有 6 对动合触点、2 对动断触点。JZ7 系列中间继电器的主要技术数据见表 2-3。

表 2 - 3　JZ7 系列中间继电器的主要技术数据

型号	触点额定电压/V	触点额定电流/A	触点数量		吸引线圈电压/V(AC)	额定操作频率/(次/h)
			动合	动断		
JZ7 - 44			4	4		
JZ7 - 62	500	5	6	2	12、36、127、220、380	1 200
JZ7 - 80			8	0		

　　常用的中间继电器还有：JZC 系列交流控制接触器式继电器（约定发热电流 10 A）；DZ 系列电力保护继电器；直流控制电压驱动的 JZC - 32F、JZC - 33F 超小型中功率继电器；JQC 系列超小型大功率继电器；JQX 系列小型大功率继电器。继电器直流控制线圈额定电压等级为 5 V、6 V、9 V、12 V、18 V、24 V、36 V、48 V、60 V、110 V(DC)。触点分为动合和动断两大类，中间继电器线圈和触点的电气图形符号及文字符号如图 2 - 7 所示。

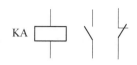

图 2 - 7　中间继电器图形符号及文字符号

　　选择中间继电器，主要考虑触点的类型和个数，线圈额定控制电压的种类和数值。

2.2.2　电流、电压继电器

　　电磁式电流、电压继电器的线圈连接在被测电路中，反映被测电流、电压变化，并使得输出触点的状态相应转换。

　　电流继电器是根据输入（线圈）电流值大小变化控制输出触点动作的继电器，电流继电器的线圈为电流线圈，匝数少、线径粗，串联在被测电路中（或通过互感器串入），用来反映被测电流的变化。电流继电器按用途还可分为过电流继电器和欠电流继电器，如图 2 - 8 所示。

（a）过电流继电器　　　（b）欠电流继电器　　　（c）过、欠电流继电器

图 2 - 8　电流继电器

　　机床等电路中常用的电流继电器有 JL14、JL15、JL18、JT3、JT9、JT10、JT17、JT18 等型号。过电流继电器的功能是：当被测电路发生短路及过流（超过整定电流）时，输出触点动作，这时应通过控制电路做相应处理（如将故障电路从电网上切除等）。过电流继电器动作电流的整定范围如下：交流过电流继电器为 $(110\% \sim 350\%)I_N$，直流过电流继电器为 $(70\% \sim 300\%)I_N$。三相过电流继电器保护电路如图 2 - 9 所示。

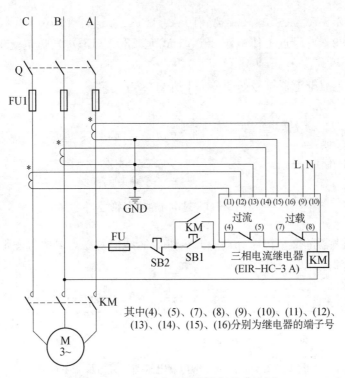

图 2-9 三相过电流继电器保护电路图

其中(4)、(5)、(7)、(8)、(9)、(10)、(11)、(12)、(13)、(14)、(15)、(16)分别为继电器的端子号

欠电流继电器的功能是：当被测电路电流过低时，输出触点复位，这时通过控制电路做相应处理。欠电流继电器线圈通过的电流大于或等于整定电流时，衔铁吸合、触点动作；电流低于整定电流时，衔铁释放、触点复位。欠电流继电器动作电流整定范围如下：吸合电流为$(30\% \sim 50\%)I_N$，释放电流为$(10\% \sim 20\%)I_N$。欠电流继电器断电保护电路如图2-10所示。

与电流继电器类似，电压继电器是根据输入电压大小而动作的继电器。电压继电器的线圈为电压线圈，匝数多、线径细，并联在被测电路中(或通过电压互感器相连)，反映被测电压的变化，包括过电压继电器和欠电压继电器两种。过电压继电器动作电压整定范围为$(105\% \sim 120\%)U_N$；欠电压继电器吸合电压调整范围为$(30\% \sim 50\%)U_N$，释放电压调整范围为$(7\% \sim 20\%)U_N$。常用的电压继电器有 DJ-100、DY-20C、DY-30 等系列和由集成电路构成的 JY-10、JY-20、JY-30 系列静态继电器(过电压、欠电压)。

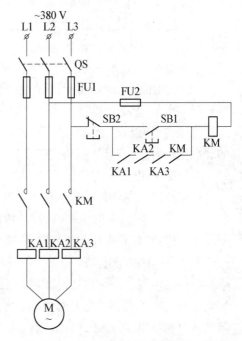

图 2-10 欠电流继电器断电保护电路图

以 JL18 系列过电流继电器为例，介绍其型号定义方法及主要技术参数。

JL18 系列过电流继电器的主要技术参数包括线圈额定工作电流，有多种规格供选择

(1.0 A、1.6 A、2.5 A、4.0 A、6.3 A、10 A、16 A、25 A、40 A、63 A、100 A、160 A、250 A、400 A、630 A);触点工作电压 380 V(AC)、220 V(DC),发热电流 10 A,可自动及手动复位。

JL18 系列过电流继电器符号如图 2-11 所示。

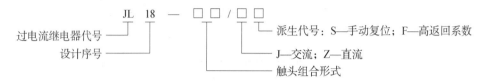

图 2-11 过电流继电器符号

电压、电流继电器的文字符号分别为 KV 和 KA,线圈及触点的电气图形符号与中间继电器相似,如图 2-12 所示。

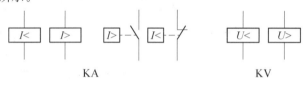

图 2-12 电流、电压继电器电气图形符号及文字符号

1) 电流继电器选型依据

(1) 过电流继电器线圈的额定电流一般可按电机长期工作的额定电流来选择,对于频繁启动的电机,考虑启动电流在继电器中的热效应,额定电流可选大一级。过电流继电器的整定值一般为电机额定电流的 1.7~2 倍,频繁启动场合可取 2.25~2.5 倍。

(2) 欠电流继电器一般用于直流电机及电磁吸盘的弱磁保护。选择的主要参数是额定电流和释放电流,其额定电流应大于或等于额定励磁电流;释放电流整定值应低于励磁电路正常工作范围内可能出现的最小励磁电流,一般可取最小励磁电流的 0.85 倍。选择欠电流继电器的释放电流时,应留有一定的调节余地。

2) 电压继电器选型依据

过电压继电器选择的主要参数是额定电压和动作电压,其动作电压可按系统额定电压的 1.1~1.5 倍整定。欠电压继电器常用电磁式继电器或小型接触器"充任",其选用只要满足一般要求即可,对释放电压值无特殊要求。

2.2.3 时间继电器

时间继电器是一种按照时间原则工作的继电器,即按照预定时间接通或分断电路。时间继电器的延时类型有通电延时型和断电延时型两种形式;按结构还可分为空气式时间继电器、电动式时间继电器、电子式(晶体管、数字式)时间继电器等类型。

1) 空气式时间继电器

空气式时间继电器由电磁机构、输出触点及气室三部分组成,靠空气的阻尼作用来实现延时。常用空气式时间继电器 JS7-A 系列有通电延时和断电延时两种类型,图 2-13 为 JS7-A 型空气阻尼式时间继电器的工作原理图。

从图 2-13 中可以看出,通电延时型时间继电器电磁铁线圈 1 通电后,将衔铁 4 吸下,于是顶杆6与衔铁4之间出现空隙；当与顶杆相连的活塞在弹簧7作用下，由上向下移动时，在橡皮膜9上面形成空气稀薄的空间（气室）；空气由进气孔11逐渐进入气室，活塞12因受到空气的阻力，缓慢下降，经过一定时间，活塞杆下降到一定位置时，杠杆15使触点14动作（动合触点闭合，动断触点断开），从线圈通电到延时触点动作所经过的时间称为延时时间。线圈断电时，弹簧使衔铁4和活塞12等复位，空气经橡皮膜9与顶杆6之间推开的气隙迅速排出，触点瞬时复位。

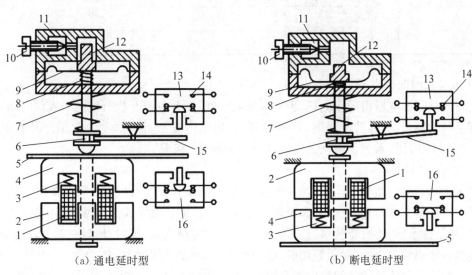

(a) 通电延时型　　　　　　　　　(b) 断电延时型

1—线圈；2—静铁心；3、7、8—弹簧；4—衔铁；5—推板；6—顶杆；9—橡皮膜；
10—螺钉；11—进气孔；12—活塞；13、16—微动开关；14—触点；15—杠杆

图 2-13　JS7-A 型空气阻尼式时间继电器的工作原理图

空气式断电延时型时间继电器与空气式通电延时型时间继电器的原理、结构均相同，只是将其电磁机构翻转180°安装。

JS7-A 型空气阻尼式时间继电器如图 2-14 所示。其延时时间有 0.4～180s 和 0.4～60s 两种规格，具有延时范围较宽、结构简单、工作可靠、价格低、寿命长等优点，是机床等控制电路中常用的时间继电器。时间继电器的电气图形符号及文字符号如图 2-15 所示。

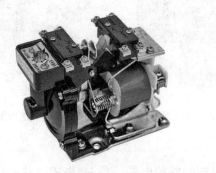

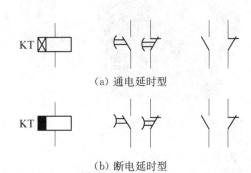

(a) 通电延时型

(b) 断电延时型

图 2-14　JS7-A 型空气阻尼式时间继电器　　**图 2-15　时间继电器的电气图形符号及文字符号**

表 2-4 为 JS7-A 型空气阻尼式时间继电器技术数据，其中 JS7-2A 型和 JS7-4A 型既带有延时动作触点，又带有瞬时动作触点。

表 2-4　JS7-A 型空气阻尼式时间继电器技术数据

型号	触点额定容量		延时触点对数				瞬时动作触点数量		线圈电压/V（AC）	延时范围/s
	电压/V	电流/A	线圈通电延时		线圈断电延时					
			动合	动断	动合	动断	动合	动断		
JS7-1A	380	5	1	1					36、127、220、380	0.4～60 及 0.4～80
JS7-2A			1	1			1			
JS7-3A					1	1				
JS7-4A					1	1	1	1		

　　2）电动式时间继电器

　　电动式时间继电器由同步电机、齿轮减速机、电磁离合系统及执行机构组成。电动式时间继电器延时时间长,可达数十小时,延时精度高,但结构复杂、体积较大,常用产品有 JS10 系列、JS11 系列和 7PR 系列。电动式时间继电器如图 2-16 所示。

　　3）电子式时间继电器

　　电子式时间继电器有晶体管式（又称阻容式）和数字式（又称计数式）两种类型。晶体管式时间继电器是基于电容充、放电工作原理实现延时工作的。数字式时间继电器由脉冲发生器、计数器、数字显示器、放大器及执行机构组成,具有定时精度高、延时时间长、调节方便等优点,通常还具有数码输入、数字显示等功能,应用范围广,可取代晶体管式、空气式、电动式等时间继电器。常用的晶体管式时间继电器有 JSJ、JS14、JS20、JSF、JSCF、JSMJ、JJSB、ST3P 等系列。常用的数字式时间继电器有 JSS14、JSS20、JSS26、JSS48、JS11S、JS14S 等系列。电子式时间继电器如图 2-17 所示。

图 2-16　电动式时间继电器

图 2-17　电子式时间继电器

图 2-18　热继电器

2.2.4　热继电器

　　热继电器是用来对连续运行的电机进行过载保护的保护电器,以防止电机过热而烧毁。大部分热继电器除了具有过载保护功能以外,还具有断相保护、温度补偿、自动与手动复位等功能。从结构原理上看,热继电器有双金属片式和电子式两种类型。热继电器如图 2-18 所示。

1) 热继电器的结构及工作原理

双金属片式热继电器主要由双金属片、热元件、动作机构、触点系统、整定装置及手动复位装置等组成。其结构原理如图2-19所示。

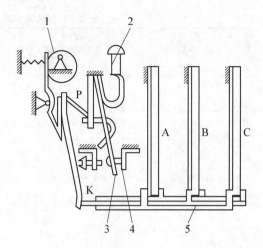

热继电器的热元件具有和电流线圈相类似的功能，接在电机的主回路上，其触点用于控制电路。双金属片作为温度检测元件，由两种膨胀系数不同的金属片压焊而成；当加热元件A、B、C加热后，两层金属片因伸长率（膨胀系数）不同而弯曲。加热元件串接在电机定子绕组中，在电机正常运行时，热元件产生的热量不会使触点动作；当电机过载时，流过热元件的电流加大，经过一定的时间，热元件产生的热量使双金属片的弯曲程度超过一定值，通过导板推动热继电器的触点动作（动合触点闭合、动断触点断开）。通常用其串

1—凸轮；2—复位按钮；3—动触点；
4—动断触点；5—外导板

图2-19 双金属片式热继电器结构原理图

接在接触器线圈电路上的动断触点来切断接触器线圈电流，使电机主电路断电。故障排除后，可按动手动复位按钮使热继电器触点复位，电路可以重新接通工作。

2) 热继电器主要技术参数及常用型号

热继电器主要技术参数包括热继电器额定电流、相数、热元件额定电流、整定电流及调节范围等。其中，热元件的额定电流是指热元件的最大整定电流值，热继电器的额定电流是指热继电器可以安装热元件的最大额定电流值。

热继电器（热元件）的整定电流是指热元件能够长期通过而不致引起热继电器动作的最大电流值，通常热继电器的整定电流是按电机的额定电流整定的。对于热继电器，可以手动调节整定电流旋钮，带动偏心轮机构，调整双金属片与导板的距离，从而能在一定范围内调节其电流的整定值，从而起到保护电机的作用。热继电器电气图形符号分为热元件和触点两部分，触点有动合和动断两类。热继电器电气图形符号及文字符号如图2-20所示。

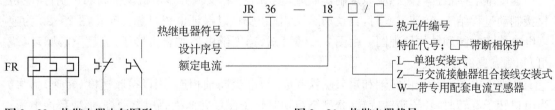

**图2-20 热继电器电气图形
符号及文字符号**　　　　**图2-21 热继电器代号**

常用的电机热保护继电器包括JR16、JR20、JR28、JR36系列热继电器，NRE6、NRE8系列电子式过载继电器，引进生产的法国TE公司LR-D系列、德国西门子公司的3UA系列，德国ABB公司的T系列等。热继电器代号如图2-21所示。

JR36-20型热继电器的主要规格参数见表2-5。

表 2 - 5   JR36 - 20 型热继电器的主要规格参数

型号	额定电流/A	热元件规格	
		额定电流/A	电流调节范围/A
JR36 - 20	20	0.35	0.25～0.35
		0.5	0.32～0.5
		0.72	0.45～0.72
		1.1	0.68～1.1
		1.6	1.0～1.6
		2.4	1.5～2.4
		3.5	2.2～3.5
		5.0	3.2～5.0
		7.2	4.5～7.2
		11.0	6.8～11
		11.6	10.0～16
		22	14～22

3) 热继电器选型

(1) 热继电器的额定电流选择依据。热继电器的额定电流应略大于电机的额定电流。

(2) 热继电器的型号选择依据。根据热继电器的额定电流应大于电机的额定电流原则，查表确定热继电器的型号。

(3) 热继电器的类型选择依据。对于轻载启动、长期工作的电机或间断长期工作的电机，可选择二相结构的热继电器；对于电源电压的均衡性和工作环境较差的电机，或者多台电机的功率差别较大，可选择三相结构的热继电器；对于三角形连接的电机，应选用带断相保护装置的热继电器。

(4) 热继电器的整定电流选择依据。热继电器的整定电流是指热继电器长期不动作的最大电流，超过此值即动作。一般将热继电器的整定电流调整到等于电机的额定电流。对于过载能力弱的电机，可将热继电器元件整定值调整到电机额定电流的 0.6～0.8 倍；对于启动时间较长、拖动冲击性负载或不允许停车的电机，热继电器的整定电流应调节到电机额定电流的 1.1～1.15 倍。

2.2.5 速度继电器

速度继电器根据电磁感应原理制作而成，多用于三相交流异步电机反接制动控制；当电机反接制动过程结束，转速过零时，自动切除反相序电源，以保证电机可靠停车。图 2 - 22 为速度继电器实物图和结构原理图。由图 2 - 22 可知，速度继电器主要由转子、笼型空心圆环（绕组）和触点三部分组成。

速度继电器的转子由转轴和永久磁铁制成，与电机同轴相连，用以接收速度（转速）信号。当电机转子旋转时，转子磁铁旋转，笼型绕组切割转子磁场并产生感应电动势，形成环内电流；此电流与磁铁磁场相作用，产生了电磁转矩；圆环在此力矩的作用下带动摆锤，克服弹簧力而沿转子转动的方向摆动，并拨动切换触点以改变其通断状态（在摆杆左右各设一组切换触点，分别在速度继电器正转和反转时发生作用）；当电机转速低于某一值（复位转速）时，笼型绕组产生的转矩减少，动触点复位。速度继电器依靠正转和反转切换触点的动作反映电机的转动方向和检测速度的过零点（复位转速）。

 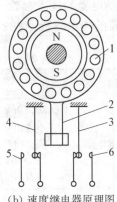

（a）速度继电器实物图　　　　　（b）速度继电器原理图

1—绕组；2—摆锤；3、4—弹片；5、6—静触点

图 2 - 22　速度继电器实物图和结构原理图

　　常用的速度继电器有 JY1 型和 JFZ0 型。以 JY1 型速度继电器为例，其主要技术参数为：动作转速一般不低于 120 r/min，复位转速不高于 100 r/min；工作时，允许的转速高达 1 000～3 600 r/min。调节速度继电器的弹簧弹性力时，速度继电器在不同转速点切换触点的通断状态。

　　速度继电器的转轴连接示意和触点的电气图形符号及文字符号如图 2 - 23 所示，速度继电器有正转和反转两组切换触点，电气符号中可以用"$n>$"表示正转、"$n<$"表示反转。

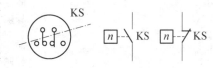

图 2 - 23　速度继电器的电气图形符号及文字符号

　　速度继电器的主要参数是额定工作转速，要根据电机的额定转速进行选择。

2.2.6　固态继电器

　　固态继电器是 20 世纪 70 年代后期发展起来的一种新型无触点继电器，在一些场合可以取代传统的继电器和小容量接触器。固态继电器以电力电子开关器件为输出开关，接通和断开负载时不产生火花，具有对外部设备干扰小、工作速度快及体积小、重量轻、工作可靠等优点。固态继电器与 TTL 和 CMOS 集成电路有着良好的兼容性，广泛地应用于数字电路、计算机的终端设备、可编程控制器的输出模块以及工业控制等领域。典型固态继电器如图 2 - 24 所示。

（a）单相交流固态继电器　　（b）三相交流固态继电器　　（c）直流固态继电器　　（d）PCB 专用直流固态继电器

图 2 - 24　典型固态继电器

2.2.6.1　固态继电器的技术参数

典型固态继电器的技术参数见表 2-6。

表 2-6　典型固态继电器的技术参数

固态继电器类型	技 术 参 数
方型单相交流固态继电器	额定电流:5~120 A;控制电压:3~32 V(DC)或 90~280 V(AC) 绝缘电压:≥2 500 V;输出电压范围:40~660 V(AC) 隔离电压:≥2 500 V;导通方式:分为过零型和随机型 LED 输入显示;两个可控硅反并联,寿命长,散热好 内置 RC 吸收回路;输入和输出之间采用光电隔离
三相交流固态继电器	额定电流:10~100 A;控制电压:3~32 V(DC)或 90~280 V(AC) 绝缘电压:≥2 500 V;输出电压范围:40~660 V(AC) 隔离电压:≥2 500 V;导通方式:分为过零型和随机型 LED 输入显示;两个可控硅反并联,寿命长,散热好 内置 RC 吸收回路;输入和输出之间采用光电隔离
方型直流固态继电器	额定电流:10~80 A 控制电压:3.5~32 V(DC) 绝缘电压:≥2 500 V 输出电压范围:12~80 V(DC)、12~480 V(DC) 隔离电压:≥2 500 V 导通方式:过零触发
PCB 专用直流固态继电器	额定电流:2~16 A 控制电压:3~15 V(DC)或 15~32 V(DC) 绝缘电压:≥2 500 V 输出电压范围:12~80 V(DC)或 12~480 V(DC) 隔离电压:≥2 500 V 导通方式:过零触发

2.2.6.2　固态继电器的类型

根据负载电流类型的不同,固态继电器可分为交流固态继电器和直流固态继电器两种类型。交流固态继电器(AC-固态继电器)以双向晶闸管为输出开关器件,用来接通、断开交流负载;直流固态继电器(DC-固态继电器)以功率晶体管为开关器件,用来接通、断开直流负载。

图 2-25　AC-固态继电器典型应用电路图

AC-固态继电器是典型的交流固态继电器,其典型应用电路如图 2-25 所示。图中 Z_L 为负载,u_S 为交流电源,u_C 为控制信号电压。

交流固态继电器的触发方式包括随机导通型和过零触发型两种。当输入端施加信号电压时,随机导通型输出端开关立即导通,而过零触发型要等到交流负载电源(U_S)过零时输出开关导通。随机导通型在输入端控制信号撤销时输出开关立即截止,过零触发型要等到 U_S 为零时,输出开关才关断(复位)。

常用的交流 AC-固态继电器有 GTJ6 系列、JGC-F 系列、JGX-F 和 JGX-3/F 系列等。

固态继电器输入电路采用光耦隔离器件,因而抗干扰能力强。输入信号电压 3 V 以上,电流 100 mA 以下,输出点的工作电流达到 10 A,故控制能力强。当输出负载容量很大时,可用固态继电器驱动功率管,再去驱动负载。使用时还应注意固态继电器的负载能力随温度的升高而降低。

固态继电器的主要参数有输入电压范围、输入电流、接通电压、关断电压、绝缘电阻、介质耐压、额定输出电流、额定输出电压、最大浪涌电流、输出漏电流和整定范围。其中 JGX - F 系列交流固态继电器主要技术数据见表 2 - 7。

表 2 - 7 JGX - F 系列交流固态继电器主要技术数据

输入信号			输出信号					
电压范围	电流范围	关断电压	额定电压	额定电流	导通压降	漏电流	断通时间	介质耐压
3～32 V(DC)	≤30 mA	1 V(DC)	220/380 V (AC)	10～80 A (8 种规格)	2 V	10 mA	10 ms	≥1 000 V (AC)

2.2.6.3　固态继电器的选型方法

选择固态继电器时,除了要看负载类型、输入特性、输出电压、瞬态电压和 dv/dt 参数之外,应该注意,固体继电器的输出端会有一定的漏电流。

1) 负载电压

直流负载应选择直流固态继电器,交流负载应选择交流固态继电器。在选择固态继电器时,首先考虑电源电压,负载电源的电压不能大于输出额定电压且小于固态继电器的最小电压;之后考虑负载电压和瞬态电压。负载电压是指固态继电器输出端子可以承受的最大电压。固态继电器负载电压如图 2 - 26 所示。在选择固态继电器时,最好为输出电压留有余量,并选择带有 RC 电路的固态继电器以保护固态继电器并优化 dv/dt。

对于 RC 电路负载,即由电阻器和电容器组成的负载,一般选择带有压敏电阻吸收电路和 RC 缓冲电路的固态继电器。此外,RC 电路还可用于降低输出电压的上升速率(dv/dt),吸收浪涌电压,抑制瞬态电压/电流,并防止固态继电器因过电压而损坏。

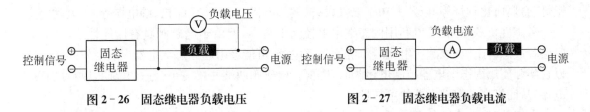

图 2 - 26　固态继电器负载电压　　　　图 2 - 27　固态继电器负载电流

2) 负载电流

固态继电器的输出电流是流过固态继电器输出端子的稳态电流。固态继电器负载电流如图 2 - 27 所示,它一般等于连接到固态继电器输出端子的负载电流。在选择固态继电器时,应保证固态继电器的输出电流不得超过其额定输出电流,并且浪涌电流不应超过过载电流,尤其是对于容易产生浪涌电流的电感性/电容性负载以及由其产生的浪涌电流。

固态继电器的输出电流需要一定的余量,以避免过多地涌入电流,否则会缩短固态继电器的使用寿命。对于一般的电阻负载,可以基于标称值的 60% 选择额定有效工作电流值。此外,可以考虑使用快速熔断器和空气开关来保护输出回路,或者在继电器的输出端增加一个 RC 漏电回路和一个压敏电阻。压敏电阻的选择要求是:对于 220 V(AC)固态继电器,选择 500~600 V 压敏电阻;对于 380 V(AC)固态继电器,选择 800~900 V 压敏电阻。

3) 浪涌电流

电机的转子锁定并关闭时,会产生较大的浪涌电流和电压;中间继电器或电磁阀不能可靠关闭并弹跳,也会产生较大的浪涌电流;切换电容器组或电容器电源时,会引起类似的短路情况,并产生很大的电流;当电容器换向型电机反转时,电容器电压和电源电压叠加在固态继电器的输出端子上,固态继电器将承受 2 倍于电源电压的浪涌电压。

过大的浪涌电流会损坏固态继电器内部的半导体开关。因此,在选择固态继电器时,应首先分析受控负载的浪涌电流特性,以使继电器在保证稳态工作的同时能够承受浪涌电流。如果所选继电器需要在频繁操作、寿命长、可靠性高的场所工作,则应根据已知的降额因数将额定电流除以 0.6,以确保操作的可靠性。此外,可以将电阻器或电感器串联连接到输出环路,以进一步限制浪涌电流。

4) 负载类型

根据负载阻抗,可以将负载分为电阻性负载(或纯电阻负载)、电感性负载和电容性负载三种类型,如图 2-28 所示。

(1) 电阻性负载。指仅由电阻类型的器件组成的负载。直流电路中,电流和电压之间的关系符合基本欧姆定律,$I=U/R$;在交流电路中,电流相位与电压相位相同,如图 2-28 所示。常见的电阻

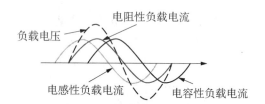

图 2-28　固态继电器不同负载类型

性负载包括:利用电阻加热的加热装置(如电阻炉、烤箱、电热水器、热油等),以及依靠电阻丝发光的灯(如碘钨灯、白炽灯等)。

(2) 电感性负载。指应用电磁感应原理(带有电感参数)的负载,例如大功率电气产品(如冰箱、空调等)。电感性负载增加了电路的功率因数,而且流经电感性负载的电流不会突然变化。电感性负载会产生滞后,即电流滞后于电压。

常见的电感性负载包括:依靠通电的气体发光的灯(例如日光灯),高压钠灯、HPS 灯、水银灯、金属卤化物灯等,以及大功率电气设备(例如电机的设备、压缩机、继电器等)。电磁阀也是一种感性负载,尽管可以利用固态继电器控制电磁阀,但由于电磁阀具有储能性质,在断开时会释放感应电流,该感应电流若流经固态继电器,可能会引起固态继电器误发触发问题。所以在实际使用固态继电器控制电磁阀时,需要在电磁阀两端并接一个合适的电阻,以释放感应电流,从而提高固态继电器的可靠性。

在启动时,电感性负载需要的启动电流要比维持正常运行所需的电流大很多(为 3~7 倍)。例如,异步电机的启动电流是额定值的 5~7 倍;直流电机的启动电流略大于交流电机的启动电流;一些金属卤化物灯的开启时间最长可达 10 min,其脉冲电流高达稳态电流的 100 倍。

(3) 电容性负载。具有电容参数的负载称为电容性负载,而电容性负载会降低电路的功率因数。在充电或放电期间,电容性负载相当于短路,因为电容器两端的电压不能突然改变。电容性负载会产生电流超前于电压,如图 2-28 所示。常见的电容性负载包括带电容器的设备,例如补偿电容器,以及电源控制设备如开关电源等。

5）工作环境条件

工作环境包括：①环境适应温度应在 5～45 ℃ 之间。②工作场所应该保持干燥和通风，应无尘、无腐蚀性气体。③当环境温度较高或散热条件不好时，应增加电流容量。为防止使用时负载短路，可以在负载回路中串接快速断路开关或快速熔断器。④多只固态继电器的输出端之间不得并联使用，以试图增大输出电流；当使用多只固态继电器共用一个控制电源时，其输入端既可以串联使用，也可以并联使用。

2.3 接触器

接触器是在电力拖动和控制系统中使用量大的一种低压自动控制电器，用来频繁地接通和分断交流、直流主回路和大容量控制电路。

2.3.1 接触器的分类

接触器根据负载电流的种类分为交流接触器和直流接触器。

1）交流接触器

线圈通常以交流电和主触点来接通和切断交流主电路。其主要特点为：①交变磁通穿过铁心，产生涡流和磁滞损耗，使铁心发热；②铁心用硅钢片冲压而成以减少铁损；③线圈做成短而粗的圆筒状绕在骨架上以便于散热；④铁心端面上安装铜制的短路环，以防止交变磁通使衔铁产生强烈的振动和噪声；⑤灭弧装置通常采用灭弧罩和灭弧栅。

2）直流接触器

线圈通常以直流电和主触点来接通和切断直流主电路。其主要特点为：①不产生涡流和磁滞损耗，铁心不发热；②铁心用整块钢制成；③线圈制成长而薄的圆筒状；④250 A 以上的直流接触器通常采用串联双绕组线圈；⑤灭弧装置通常采用灭弧能力较强的磁吹灭弧装置。

2.3.2 接触器的结构及工作原理

1）交流接触器

图 2 - 29 为交流接触器的实物图和结构原理图，交流接触器由电磁机构、触点系统、灭弧

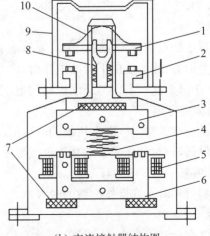

(a) 交流接触器实物图   (b) 交流接触器结构图

1—动触点；2—静触点；3—衔铁；4—缓冲弹簧；5—电磁线圈；6—铁心；
7—垫毡；8—触头弹簧；9—灭弧罩；10—触头压力弹簧

图 2 - 29 交流接触器的实物图和结构原理图

装置和其他辅助部件构成。

由图 2-29b 可知,电磁式接触器的工作原理为:当线圈通电后,线圈电流产生磁场,在铁心中产生磁通及电磁吸力;衔铁在电磁吸力的作用下吸向铁心,同时带动动触点移动,使动断触点打开,同时动合触点闭合。当线圈失电或线圈两端电压显著降低时,电磁吸力消失或小于弹簧反力,衔铁在弹簧的作用下释放,触点机构复位,断开电路或解除互锁。

2)直流接触器

图 2-30 直流接触器实物图

直流接触器的结构和工作原理基本上与交流接触器相同,结构上也是由电磁机构、触点系统和灭弧装置等部分组成,但在电磁机构方面有所不同。由于直流电弧比交流电弧难以熄灭,因此直流接触器常采用磁吹式灭弧装置灭弧。直流接触器实物图如图 2-30 所示。

2.3.3 接触器的主要技术参数

接触器的主要技术参数有线圈电压、主触点额定电流和额定电压、辅助触点额定电流和触点对数、接触器极数、接触器机械寿命、电寿命和使用类别等。

1)接触器的极数和电流种类

按接触器主触点的个数确定其极数,通常有两极、三极和四极接触器;按主电路的电流种类分为交流接触器和直流接触器。

2)主触点额定电压

指主触点之间正常工作电压值,也就是主触点所在电路的电源电压。直流接触器的额定电压有 110 V、220 V、440 V、660 V,交流接触器的额定电压有 220 V、380 V、500 V、660 V 等。

3)主触点额定电流

指接触器主触点在额定工作条件下的电流值。直流接触器的额定电流一般为 40 A、80 A、100 A、150 A、250 A、400 A 及 600 A;交流接触器的额定电流有 10 A、20 A、40 A、60 A、100 A、150 A、250 A、400 A 及 600 A。

4)通断能力

指接触器主触点在规定条件下能可靠接通和分断的电流值。此电流值下接通电路时,主触点不应产生熔焊;此电流值下分断电路时,主触点不应发生长时间燃弧。一般通断能力是额定电流的 5~10 倍,这一数值与开断电路的电压等级有关,电压越高,通断能力越小。

5)线圈额定电压

指接触器正常工作时线圈上所加的电压值。选用时,一般交流负载用交流接触器,直流负载用直流接触器,但对动作频繁的交流负载可采用直流线圈的交流接触器。

6)操作频率

指接触器每小时允许操作次数的最大值。

7)寿命

包括电气寿命和机械寿命。目前接触器的机械寿命已达 1 000 万次以上,电气寿命约为机械寿命的 5%~20%。

8)使用类别

接触器用于不同负载时,其对主触点的接通与分断能力要求不同,按不同条件来选用相应使用类别的接触器便能满足其要求。接触器的使用类别比较多,其中用于自动化控制系统中的接触器使用类别及典型用途见表2-8。

表2-8　用于自动化控制系统中的接触器使用类别及典型用途

电流种类	使用类别	典型用途
AC(交流)	AC1	无感或微感负载、电阻炉
	AC2	绕线式电机的启动和中断,笼型电机的启动和中断
	AC3	笼型电机的启动、反接制动、反向和点动
	AC4	
DC(直流)	DC1	无感或微感负载、电阻炉
	DC2	并励电机的启动、反接制动、反向和点动
	DC3	串励电机的启动、反接制动、反向和点动

2.3.4　接触器的代号及电气符号

接触器代号说明如图2-31所示。

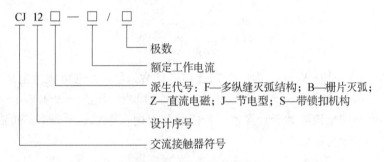

图2-31　接触器代号说明

接触器电气图形符号及文字符号如图2-32所示。

图2-32　接触器电气图形符号文字符号

2.3.5　接触器的选用

1) 接触器极数与电流种类的确定

接触器由主电路电流种类来决定选择直流接触器还是交流接触器。三相交流系统中一般选用三极接触器,当需要同时控制中性线时,则选用四极交流接触器。单相交流和直流系统中常选用两极或三极并联,一般场合选用电磁式接触器,易燃易爆场合应选用防爆型及真空接触器。

2）接触器类型的确定

根据接触器所控制负载的类型选择相应使用类别的接触器。如负载是一般任务，则选用 AC3 类别；负载为重任务，则应选用 AC4 类别；如负载是一般任务与重任务混合，则可根据实际情况选用 AC3 或 AC4 类接触器；如选 AC3 类别，应降级使用。

3）电流等级的确定

根据负载功率和操作情况来确定接触器主触点的电流等级。当接触器使用类别与所控制负载的工作任务相对应时，一般按控制负载电流值来决定接触器主触点的额定电流值；若不对应，应降低接触器主触点电流等级使用。

4）额定电压的确定

根据接触器主触点接通与分断主电路电压等级来决定接触器的额定电压。

5）线圈额定电流的确定

接触器吸引线圈的额定电压应由所连接的控制电路确定。

6）触点数的确定

接触器的触点数（主触点和辅助触点）和种类（动合或动断）应满足主电路和控制电路的要求。

此外，接触器主触头的额定电压应大于或等于控制线路的额定电压。接触器控制电阻性负载时，主触头的额定电流应大于或等于负载的额定电流。若负载为电机，则其额定电流可按下式计算：

$$I_N = \frac{P_N \times 10^3}{\sqrt{3} U_N \eta \cos \phi} \tag{2-1}$$

式中，I_N 为电机额定电流（A）；P_N 为电机额定功率（kW）；U_N 为电机额定电压（V）；$\cos \varphi$ 为电机功率因数，其值一般在 0.85~0.9 之间；η 为电机的效率，其值一般在 0.8~0.9 之间。在选用接触器时，其额定电流应大于计算值。若接触器使用在频繁启动、制动和频繁正、反转的场合，则主触头的电流可降低一个等级。

2.4　熔断器

熔断器是一种结构简单、价格低廉、使用方便、应用广泛的保护电器，在低压配电电路中主要起短路保护作用，如图 2-33 所示。

图 2-33　熔断器

2.4.1 熔断器的结构及工作原理

熔断器由熔体和安装熔体的外壳（或称绝缘底座）两部分组成。熔体是熔断器的核心，一般用低熔点的铅锡合金、锌、铜、银的丝状或片状材料制成，熔体一般设计成灭弧栅状和具有变截面片状结构。熔断器的工作原理是：当通过熔断器的电流超过一定数值并经过一定的时间后，电流在熔体上产生的热量使熔体某处熔化而分断电路，从而保护了电路和设备。

熔断器熔体电流与熔断时间的关系称为熔断器的保护特性曲线，也称为熔断器的安秒特性，如图 2 - 34 所示。由特性曲线可以看出，流过熔体的电流越大，熔断所需的时间就越短。熔体的额定电流 I_{fN} 是指熔体长期工作而不致熔断的电流。

熔断器常见的类型有插入式、螺旋式、卡装式、有填料封闭管式和无填料封闭管式等，品种规格也较多。在机床电器等控制系统中经常选用螺旋式熔断器，它具有分断指示明显和不用任何工具就可取下或更换熔体的优点。

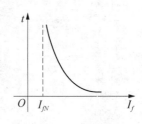

图 2 - 34 熔断器的保护特性曲线

2.4.2 熔断器的主要技术参数

1）额定电压

指熔断器长期工作时和分断后能够承受的压力。

2）额定电流

指熔断器长期工作时，电气设备温升不超过规定值时所能承受的电流。熔断器的额定电流有两种：一种是熔管额定电流，也称熔断器的额定电流；另一种是熔体的额定电流。生产厂家为减少熔管额定电流的规格，一般采用熔管额定电流等级较少，而熔体电流等级较多的情况；在一种电流规格的熔断管内有适合于几种电流规格的熔体，但熔体的额定电流最大不能超过熔断器的额定电流。

3）极限分断能力

指熔断器在规定的额定电压和功率因数（或时间常数）条件下，能可靠分断的最大短路电流。

4）熔断电流

指通过熔体并能使其融化的最小电流。

熔断器常用的规格型号有 RC1 系列（插入式）、RL1 系列（螺旋式）、RM10 系列，新产品有 RL6、RL7 系列。常用的有填料封闭管式熔断器有螺栓连接的 RT12、RT15、GNT 等系列管式熔断器，熔断时红色指示器弹出；圆筒形帽熔断器有 RT14 系列，熔断器带有撞击器，熔断时撞击器弹出，既可作熔断信号指示，也可触动微动开关以切断接触器线圈电路，使接触器断电，实现三相电机的断相保护；可采用标准导轨安装的 RT18、RT28 系列熔断器；快速熔断器的产品有 RLS2 系列，用以保护半导体硅整流元件及晶闸管。

RT18 系列熔断器的主要技术参数见表 2 - 9。

表 2 - 9 RT18 系列熔断器的主要技术参数

型号	额定电压/V（AC）	额定电流/A	熔体的额定电流/A
RT18 - 32	380/500	32	2、4、6、10、16、20、25、32
RT18 - 63	380/500	63	25、32、40、50、63

2.4.3 熔断器的代号及电气符号

熔断器的电气图形符号及代号如图 2-35 所示。如型号 RC1 A - 15/10 表示：瓷插式熔断器、熔断器额定电流 15 A 和熔体额定电流 10 A。

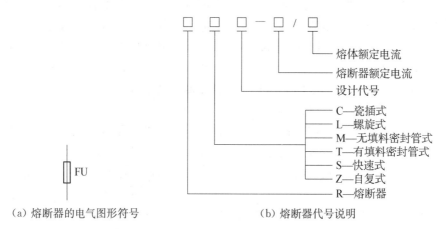

（a）熔断器的电气图形符号　　　　（b）熔断器代号说明

图 2-35　熔断器的电气图形符号及代号

2.4.4 熔断器的选用

熔断器的选用主要是确定熔断器的类型、额定电压、额定电流和熔体额定电流等。熔断器的额定电压应大于或等于实际电路的工作电压；因此确定熔体额定电流和熔断器额定电流是选择熔断器的主要任务。熔断器的选择步骤包括：首先根据保护电流计算熔体的额定电流；然后参考手册选择一个标称系列熔体的额定电流值；最后选配熔断器外壳的额定参数，也就是熔断器额定电流。熔体额定电流的计算按以下原则进行：

（1）电路上、下两级都装设熔断器时，为使两级保护相互配合良好，两级熔体额定电流的比值不小于 1.6∶1。

（2）对于照明线路或电阻炉等没有冲击性电流的负载，熔体的额定电流 I_N 应大于或等于电路的工作电流 I，即 $I_N \geqslant I$。

（3）保护一台异步电机时，考虑电机启动冲击电流的影响，熔体的额定电流按下式计算：

$$I_{fN} \geqslant (1.5 \sim 2.5)I_N \tag{2-2}$$

式中，I_N 为电机的额定电流。

（4）多台异步电机用一个熔断器保护时，若每台电机不同时启动，考虑电机启动冲击电流的影响，则应按下式计算：

$$I_{fN} \geqslant (1.5 \sim 2.5)I_{N\max} + \sum I_N \tag{2-3}$$

式中，$I_{N\max}$ 为电机中容量最大电机的额定电流；$\sum I_N$ 为其余电机额定电流的总和。

2.5 低压开关

低压开关也称低压隔离器。以空气开关为例，空气开关也称低压断路器，多用于 400 V 及以下电压，在电路中做接通、分断和承载额定工作电流，并能在线路和电机等负载发生过载、短路、欠电压的情况下进行可靠的保护，是低压配电系统中一种重要的开关保护电器。

2.5.1　低压开关的结构及工作原理

自动空气开关由触头装置、灭弧装置、脱扣机构、传动装置和保护装置五部分组成,如图 2-36 所示。自动空气开关具有过载、短路、欠电压保护等功能,其动作值可调,具有分断能力高、操作方便、安全等优点,目前被广泛应用。

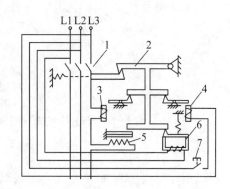

1—主触点;2—自由脱扣机构;3—过电流脱扣器;4—分励脱扣器;
5—热脱扣器;6—欠电压脱扣器;7—停止按钮

图 2-36　空气开关

自动空气开关的主触点是靠手动操作或电动合闸的。主触点闭合后,自由脱扣机构将主触点锁在合闸位置上。空气开关中过电流脱扣器的线圈和热脱扣器的热元件与主电路串联,欠电压脱扣器的线圈和电源并联。当电路发生短路或严重过载时,过电流脱扣器的衔铁吸合,使自由脱扣机构动作,主触点断开主电路。当电路欠电压时,欠电压脱扣器的衔铁释放,也使自由脱扣机构动作。

2.5.2　低压开关的主要技术参数

以图 2-37 所示的 DZ47-60 空气断路器为例(DZ:小型空气断路器;47:设计序号),说明低压开关的技术参数。

DZ 系列的空气开关中,常见的型号/规格有 C16、C25、C32、C40、C60、C65、C80、C100、C120 等,其中 C 表示脱扣电流,即起跳电流,例如 C16 表示起跳电流为 16 A。

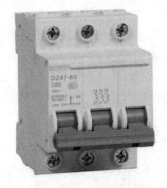

图 2-37　DZ47-60 空气断路器　　　　**图 2-38　C65N 型号中的 D10 3P**

C65N 型号中的 D10 3P 如图 2-38 所示。其中,C 为施耐德的设计系列号,小型断路器;N 为分断能力,6 kA;D 为脱扣等级,10~14 倍,用于电机等高冲击电流的保护;P 为级数。

对于空气开关 DZ10－250，$I_e＝200$，DZ 为自动，10 为设计系列号，250 为壳架等级，$I_e＝200$ 表示它的额定电流是 200 A。对于空气开关 DZ10－100/330，$I_e＝60$ A，100/330 中，100 表示 100 A 的壳架，330 表示三相复式脱扣的配电用断路器。

2.5.3　低压开关的代号及电气符号

低压开关电气图形符号及文字符号如图 2-39 所示。

(a) 单极　　　　　　(b) 双极　　　　　　(c) 三极

图 2-39　低压开关电气图形符号及文字符号

2.5.4　低压开关的选用

空气开关可以用作总电源保护开关或分支线保护开关。当线路或电器发生短路或过载时，它能自动跳闸，切断电源，从而有效地保护这些设备免受损坏并防止事故扩大。家庭一般用二极（即 2P）空气开关作总电源保护，用单极（1P）作分支保护。空气开关的额定电流如果选择得偏小，则空气开关易频繁跳闸，引起不必要的停电；如选择过大，则达不到预期的保护效果，因此需要正确选择额定容量的电流。一般小型空气开关规格主要以额定电流 6 A、10 A、16 A、20 A、25 A、32 A、40 A、50 A、63 A、80 A、100 A 等区分。

在选择空气开关时，需要确定总负荷电流的总值，为此需要计算各分支电流的值。

1）纯电阻性负载电流计算

如灯泡、电热器等用注明功率直接除以电压即得，公式 $I＝功率/220$ V；例如 20 W 的灯泡，分支电流 $I＝20$ W$/220＝0.09$ A。电熨斗、电热毯、电热水器、电暖器、电饭锅、电炒锅、吸尘器和空调等可作为阻性负载。

2）感性负载电流计算

如荧光灯、电视机、洗衣机等负载电流的计算稍微复杂些，要考虑消耗功率，还要考虑功率因数等，一般感性负载，根据其注明负载计算出来的功率再增大 1 倍，例如注明 20 W 的日光灯的分支电流 $I＝20$ W$/220$ V$＝0.09$ A，翻倍为 0.09 A×2＝0.18 A。

3）总负载电流计算

总负荷电流即为各分支电流之和；知道了分支电流和总电流，就可以选择分支空气开关及总空气开关、总保险丝、总电表及各支路电线的规格。

为了确保安全可靠，电气部件的额定工作电流一般应不小于 2 倍所需的最大负荷电流；另外，在设计、选择电气部件时，还要考虑以后用电负荷增加的可能性，为以后需求留有余量。

2.6　低压断路器

低压断路器是指能接通、承载及分断电路正常条件下的电流，也能在规定的电路非正常条件（例如短路）下接通、承载一定时间并分断电流的开关电器，如图 2-40 所示。在功能上，它相当于刀开关、熔断器、热继电器、过电流继电器和欠电压继电器等的组合。低压断路器在故障下脱扣（跳闸），排除故障后，一般不需要更换零部件，就可合闸重新工作，因而获得了广泛的应用。

图 2-40　低压断路器

低压断路器按极数分为单极、两极和三极三种类型;按保护形式分为电磁脱扣器式、热脱扣器式、复合脱扣器式和无脱扣器式;按全分断时间分为一般式和快速式(先于脱扣机构动作,脱扣时间在 0.02s 以内);按结构形式分为塑壳式、框架式、限流式、直流快速式、灭磁式和漏电保护式。在电力拖动与自动控制线路中常用的自动空气开关为塑壳式。

2.6.1　低压断路器的结构及工作原理

低压断路器主要由触点和灭弧装置、脱扣器与操作机构、自由脱扣机构等部分组成。图 2-41a 是低压断路器的结构及动作原理图,其主触点靠操作机构手动或电动合闸,在正常工作状态下能接通和分断工作电流。当电路发生短路或过电流故障时,过电流脱扣器的衔铁被吸合,拨动杠杆使锁扣与传动杆脱开,主触点在分断弹簧作用下被拉开,电路切断。若电网电压过低或为零时,欠电压脱扣器的衔铁被释放,同样会使主触点被拉开,起到欠电压和零压保护作用。而当电路过载时,热脱扣器会动作,起到过载保护作用。此外,若具有分励脱扣器,则可实现远距离断电操作。

图 2-41b 给出了过载保护和过电流保护特性曲线,两者均有反时限特性。

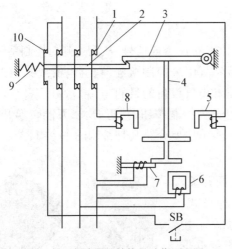
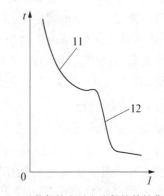

（a）低压断路器的结构及动作原理图　　　　（b）过载保护和过电流保护特性曲线

1—主触点;2—传动杆;3—锁扣;4—杠杆;5—分励脱扣器;6—欠电压脱扣器;7—热脱扣器;
8—过电流脱扣器;9—分断弹簧;10—辅助触点;11—热脱扣特性;12—过电流脱扣特性

图 2-41　低压断路器的结构及动作原理图与过载保护和过电流保护特性曲线

2.6.2 低压断路器的主要技术参数

1）额外电压

包括：

（1）额外作业电压。指断路器在正常（不间断）状况下的电压值。对多相电路是指相间的电压值。

（2）额外绝缘电压。指计划断路器的电压值、电气空位和爬电间隔应参照这些值而定。除非对于此类型商品技术文件还有规定，一般来说额外绝缘电压是指断路器的最大额外作业电压。在任何情况下，最大额外作业电压不超过绝缘电压。

2）额外电流

包括：

（1）断路器壳架等级额外电流。用规范的构造或塑料外壳中能装入的最大脱扣器额外电流标明。

（2）断路器额外电流。它是指额外继续电流，也就是脱扣器能长时间经过的电流。对于带可调式脱扣器的断路器，是指可长时间经过的最大电流。

2.6.3 低压断路器的电气符号

低压断路器的电气图形符号及文字符号如图2-42所示。

2.6.4 低压断路器的选用

低压断路器选用准则如下：

（1）断路器的额定电压和额定电流应大于或等于线路设备的正常工作电压和电流。

（2）断路器的分断能力应大于或等于电路的最大三相短路电流。

（3）欠电压脱扣器的额定电压应等于线路的额定电压。

（4）过电流脱扣器的额定电流应大于或等于线路的最大负载电流。

图2-42 低压断路器的电气图形符号及文字符号

2.7 主令电器

主令电器主要用于闭合和断开控制电路，以发布命令或信号，从而达到对控制系统的控制或实现程序控制。主令电器主要用于辅助电路中，用来控制接触器、继电器或其他电器的线圈，使电路接通或分断，从而达到控制机械设备和电气设备的目的。

主令电器应用广泛、种类较多，按其作用可分为控制按钮、接近开关、万能转换开关、行程开关及微动开关、主令开关、其他主令电器等。本节主要介绍几种常用的主令电器。

2.7.1 控制按钮

控制按钮是用来短时接通或断开小电流的开关，如图2-43所示。控制按钮在结构上有多种形式：①旋钮式：用手扭动旋转进行操作。②指示灯式：按钮内可装入信号灯显示信号。③紧急式：装有蘑菇形钮帽，以表示紧急操作。

控制按钮的电气图形符号及文字符号如图2-44所示。

图2-43 按钮开关

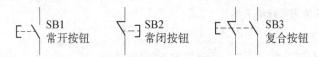

图 2-44 控制按钮电气图形符号及文字符号

控制按钮触点一般做成标准接触单元,每一个接触单元由一组动断触点和一组动合触点组成;静触点焊接在带有接线柱的导电板上,导电板本身固定在绝缘支件上。控制按钮主要根据需要的触点数量、触点类型、使用场合及颜色来选择。

主令电器的标记代号如图 2-45 所示。

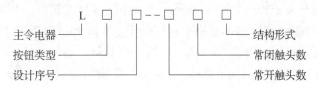

图 2-45 主令电器标记代号说明

2.7.2 接近开关

接近开关又称无触点接近开关,是一种无须与运动部件进行直接机械接触而可以操作的位置开关,当物体接近开关的感应面到动作距离时,不需要机械接触及施加任何压力即可使开关动作。当金属检测体接近开关的感应区域,接近开关就能无接触、无压力、无火花、迅速发出电气指令,准确反映出运动机构的位置和行程。接近开关包括电感式开关、电容式开关、霍尔式开关、交流式开关和直流式开关,如图 2-46 所示。

(a) 电感式　　(b) 电容式　　(c) 霍尔式　　(d) 交流式　　(e) 直流式

图 2-46 接近开关类型

2.7.3 万能转换开关

万能转换开关是由多组相同结构的触点组件叠装而成的多回路控制电器,它能转换各种数量线路上的开关,用途广泛,故被称为"万能"转换开关,如图 2-47 所示。

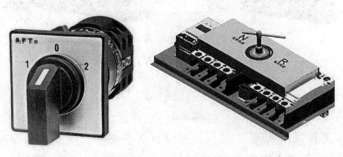

图 2-47 万能转换开关

2.7.4　行程开关及微动开关

2.7.4.1　行程开关

行程开关又称限位开关,是实现行程控制的小电流(5 A 以下)主令电器。行程开关由操作机构、基座、外壳和开关芯子四部分组成。操作机构与挡铁接触从而触发开关芯子动作;基座一般用塑料压制,用于安装固定、保护开关芯子不受外部因素影响;外壳有金属和塑料两种,壳内装有滚轮连杆、一对动合触头和一对动断触头;开关芯子是核心部件,它根据操作机构的动作来实现对电路的接通与分断,如图 2 - 48 所示。

1) 行程开关分类

行程开关按其结构可分为直动式行程开关、滚轮式行程开关、微动式行程开关等。

(1) 直动式行程开关。如图 2 - 48a 所示,其动作原理与按钮开关相同,但其触点的分合速度取决于生产机械的运行速度,不宜用于速度低于 0.4 m/min 的场所。

(2) 滚轮式行程开关。如图 2 - 48b 所示,当被控对象上的撞块撞击带有滚轮的撞杆时,撞杆转向右边,带动凸轮转动,以顶下推杆,使微动开关中的触点迅速动作。当被控对象返回时,在复位弹簧的作用下,各部分动作部件复位。

(3) 微动式行程开关。如图 2 - 48c 所示,微动开关是一种施压促动的快速开关,又称灵敏开关。

(a) 直动式　　　　　　　　　(b) 滚动式

(c) 微动式

图 2 - 48　行程开关

2) 行程开关的选用依据

在选用行程开关时,主要根据被控电路的特点、要求、生产现场条件和所需要触点的数量、种类等综合因素来考虑选用其种类;根据机械位置对开关形式的要求和控制线路对触点的数量要求以及电流、电压等级来确定其型号。

3）行程开关触头符号

行程开关动合触头和动断触头在电路中的符号如图 2 - 49
所示。

动合触头　　　动断触头

图 2 - 49　行程开关电路符号

2.7.4.2　微动开关

图 2 - 50　微动开关

微动开关是具有微小接点间隔的快动机构,用规定的行程和
力进行开关动作。它用外壳覆盖,其外部有驱动杆,如图 2 - 50 所
示。因为其开关的触点间距比较小,故名微动开关,又称灵敏
开关。

微动开关工作原理为:外机械力通过传动元件(按销、按钮、
杠杆、滚轮等)将力作用于动作簧片上,当动作簧片位移到临界点
时产生瞬时动作,使动作簧片末端的动触点与定触点快速接通或
断开。当传动元件上的作用力移去后,动作簧片产生反向动作
力,当传动元件反向行程达到簧片的动作临界点后,瞬时完成反向动作。微动开关的触点间距
小、动作行程短、按动力小、通断迅速,且其动触点的动作速度与传动元件动作速度无关。

微动开关适用于各种机械设备中,作行程、位置和状态控制、信号转换和联锁之用,还可以
作为触点组件用于各种继电器和主令电器中。

2.7.5　主令开关

图 2 - 51 为常用的主令开关(又称主令控制器)。主令开关主要用于电气传动装置中,按
一定顺序分合触头,从而达到发布命令或其他控制线路联锁、转换的目的。主令开关适用于频
繁对电路进行接通和切断的场合,常配合磁力启动器对绕线式异步电机的启动、制动、调速及
换向实行远距离控制,广泛用于各类起重机械的拖动电机的控制系统中。

图 2 - 51　常用的主令开关

主令开关一般由触头系统、操作机构、转轴、齿轮减速机构、凸轮和外壳等部分组成,其动
作原理与万能转换开关相同,都是靠凸轮来控制触头系统的关合。与万能转换开关相比,它的
触点容量大些,操纵挡位也较多。不同形状凸轮的组合可使触头按一定顺序动作,而凸轮的转
角则由控制器的结构决定,凸轮数量的多少则取决于控制线路的要求。

对于主令开关,成组的凸轮通过螺杆与对应的触头系统形成一个整体,其转轴既可直接与
操作机构连接,也可经过减速器与之连接。如果被控制的电路数量较多,即触头系统挡位较
多,则将它们分为 2~3 列,并通过齿轮啮合机构来联系,以免主令开关过长。主令开关还可组
合成联动控制台,以实现多点多位控制。

机械控制式主令开关在定时除霜热泵型空调器电路中的应用实例如图 2 - 52 所示。

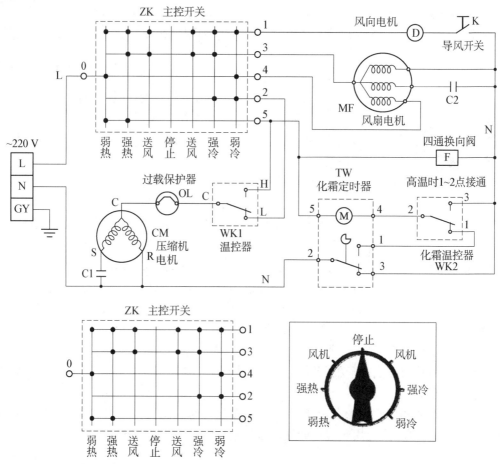

（a）基于机械控制式主令开关的定时除霜热泵型空调器电路图

（b）主令开关结构图

图 2‑52   机械控制式主令开关在定时除霜热泵型空调器电路中的应用

2.8   隔离开关

隔离开关是一种主要用于隔离电源、倒闸操作、连通和切断小电流电路，但无灭弧功能的开关器件，如图 2‑53 所示。隔离开关在分断位置时，触头间有符合规定要求的绝缘距离和明显的断开标识；在合闸位置时，能承载正常回路条件下的电流及在规定时间内异常条件（例如短路）下电流的开关设备。隔离开关的主要特点是无灭弧能力，只能在没有负荷电流的情况下分、合电路。

图 2 - 53 隔离开关

2.8.1 隔离开关的结构及工作原理

1）结构

隔离开关由以下五部分组成：

（1）支持底座。该部分的作用是起支持和固定作用，其将导电部分、绝缘子、传动机构、操动机构等固定为一体，并使其固定在基础上。

（2）导电部分。包括触头、闸刀、接线座。该部分的作用是传导电路中的电流。

（3）绝缘子。包括支持绝缘子和操作绝缘子，其作用是将带电部分和接地部分绝缘开来。

（4）传动机构。它的作用是接受操动机构的力矩，并通过拐臂、连杆、轴齿或操作绝缘子，将运动传动给触头，以完成隔离开关的分、合闸动作。

（5）操动机构。与断路器操动机构一样，通过手动、电动、气动和液压向隔离开关的动作提供能源。

2）工作原理

隔离开关的工作原理为：通过手动操作机构或其他电动（气动）等操作机构，将隔离开关两个触头打开或合上，为回路供电或切断电源。

2.8.2 隔离开关的主要技术参数

1）额定电压

指隔离开关正常工作时，允许施加的电压等级。

2）最高工作电压

由于输电线路存在电压损失，电源端的实际电压总是高于额定电压，因此，要求隔离开关能够在高于额定电压的情况下长期工作，因此在设计制造时就给隔离开关确定了一个最高工作电压。

3）额定电流

指隔离开关可以长期通过的最大工作电流。隔离开关长期通过额定电流时，其各部分的发热温度不超过允许值。

4）动稳定电流

指隔离开关承受冲击短路电流所产生电动力的能力，由生产厂家在设计制造时确定，一般以额定电流幅值的倍数表示。

5）热稳定电流

指隔离开关承受短路电流热效应的能力。由制造厂家给定的某一个规定时间（1 s 或 4 s）内，使隔离开关各部件的温度不超过短时最高允许温度的最大短路电流。

6）接线端子额定静拉力

指绝缘子承受机械载荷的能力，分为纵向和横向。

2.8.3　隔离开关的代号及电气符号

隔离开关代号如图 2-54 所示。

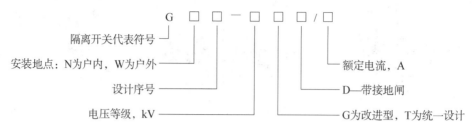

图 2-54　隔离开关代号说明

隔离开关的电气图形符号及文字符号如图 2-55 所示。

图 2-55　隔离开关电气图形符号及文字符号

2.8.4　隔离开关的选用

隔离开关选用应满足以下要求：

（1）隔离开关的额定电压与额定电流都满足回路的电压和电流参数要求。

（2）隔离开关的空载合闸允许电流应大于回路的空载电容电流。

（3）隔离开关的动稳定电流应大于回路最大短路电流峰值。

（4）隔离开关的热稳定电流应大于回路短路故障时，在保护动作前产生的故障电流热稳定值。

隔离开关在配电箱中的应用实例如图 2-56 所示。

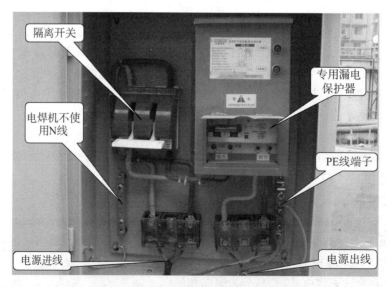

图 2-56　隔离开关在配电箱中的应用

隔离开关在配电箱的应用是其典型的应用之一,它可以直接切断电路。

2.9 组合开关

组合开关也称转换开关,是一种多触点、多位置、可以控制多个回路的控制电器。组合开关一般用于电气设备中,包括不频繁地接通和分断电路、换接电源和负载、测量三相电压及控制小容量异步电机的正反转和Y-△启动等。常用的组合开关主要有 H25 系列、HZ10 系列、H212 系列、H215 系列和 3LB 系列等。

2.9.1 组合开关的结构及工作原理

组合开关有单极、双极和多极之分。它由动触片、静触片、转轴、手柄、凸轮和绝缘杆等部件组成,如图 2-57 所示。当手柄每转过一定角度,就带动与转轴固定的动触头分别与对应的静触头接通和断开。组合开关转轴上装有扭簧储能机构,可使开关迅速接通与断开,其通断速度与手柄旋转速度无关。组合开关的操作机构分无限位和有限位两种。

 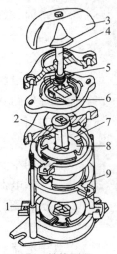

(a) 组合开关实物图　　　　　　(b) 结构原理

1—接线柱;2—绝缘杆;3—手柄;4—转轴;5—弹簧;6—凸轮;7—绝缘垫板;8—动触头;9—静触头

图 2-57　组合开关

2.9.2 组合开关的主要技术参数

组合开关的主要参数有额定电压、额定电流、极数。一般额定电流有 10 A、25 A、60 A 等。

2.9.3 组合开关的电气符号

组合开关的电气图形符号及文字符号如图 2-58 所示。常用的组合开关有单极、双极、三极和四极等多种,其图形符号同刀开关,文字符号为 Q。

SCB　　　　　SCB

单极　　　　　三极

图 2-58　组合开关的电气图形符号及文字符号

2.9.4　组合开关的选用

组合开关是一种体积小、接线方式多、使用非常方便的开关电器。选择组合开关时应注意以下三个方面：

（1）组合开关应根据用电设备的电压等级、容量和所需触头数进行选用。组合开关用于一般照明、电热电路时，其额定电流应等于或大于被控制电路中各负载电流的总和；组合开关用于控制电机时，其额定电流一般取电机额定电流的 1.5～2.5 倍。

（2）组合开关接线方式很多，应根据需要，正确地选择相应规格的产品。

（3）组合开关本身不带过载保护和短路保护，如果需要这类保护，应另加其他保护电器。

2.10　漏电保护器

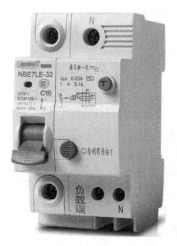

图 2-59　漏电保护器

漏电保护器(图 2-59)是一种安全保护电器，在电路中作为触电和漏电保护之用。在电路或设备出现对地漏电或人身触电时，漏电保护器能迅速自动断开电路，有效地保证人身和电路安全。

2.10.1　漏电保护器的结构及工作原理

以电流动作型漏电保护断路器为例，其主要由电子电路、零序电路互感器、漏电脱扣器、触头、试验按钮、操作机构及外壳等组成。漏电保护断路器有单相式和三相式等类型。漏电保护断路器的额定漏电动作电流为 30～100 mA，漏电脱扣器动作时间小于 0.1 s。

漏电保护器的工作原理为：将漏电保护器安装在线路中，一次线圈与电网的线路相连接，二次线圈与漏电保护器中的脱扣器连接。当用电设备正常运行时，线路中电流呈平衡状态，其中电流矢量之和为零(电流是有方向的矢量，如按流出的方向为"＋"，返回方向为"－"，在互感器中往返的电流大小相等，方向相反，相互抵消)。由于一次线圈中没有剩余电流，所以不会感应二次线圈，漏电保护器的开关装置处于闭合状态运行。当设备外壳发生漏电并有人触及时，则在故障点产生分电流，此漏电电流经人体→大地→工作接地，返回变压器中性点，致使互感器中流入、流出的电流出现了不平衡(电流矢量之和不为零)，一次线圈中产生剩余电流。该剩余电流会感应二次线圈，当电流值达到该漏电保护器限定的动作电流值时，自动开关脱扣，切断电路。

2.10.2　漏电保护器的主要技术参数

主要性能参数包括额定漏电动作电流、额定漏电动作时间、额定漏电不动作电流。其他参数还包括电源频率、额定电压、额定电流等。

1）额定漏电动作电流

指在规定的条件下，使漏电保护器动作的电流值。例如 30 mA 的保护器，当通入电流值达到 30 mA 时，保护器即动作断开电源。

2）额定漏电动作时间

指从突然施加额定漏电动作电流起，到保护电路被切断为止的时间。例如 30 mA×0.1 s 的保护器,从电流值达到 30 mA 起,到主触头分离切断为止的时间不超过 0.1 s。

3) 额定漏电不动作电流

在规定的条件下,漏电保护器不动作的电流值一般应选漏电动作电流值的 1/2。例如,漏电动作电流 30 mA 的漏电保护器,在电流值达到 15 mA 以下时,保护器不应动作,否则因灵敏度太高容易误动作,从而影响用电设备的正常运行。

4) 其他参数

漏电保护器的其他参数包括电源频率、额定电压、额定电流等。在选用漏电保护器时,应与所使用的线路和用电设备相适应。漏电保护器的工作电压要适应电网正常波动范围额定电压,若波动太大,会影响漏电保护器正常工作。漏电保护器的额定工作电流,也要和回路中的实际电流一致,若实际工作电流大于漏电保护器的额定电流时,会造成过载和使漏电保护器误动作。

正确合理地选择漏电保护器的额定漏电动作电流非常关键:一方面,在发生触电或泄漏电流超过允许值时,漏电保护器可及时动作;另一方面,漏电保护器在正常泄漏电流作用下不应动作,以防止供电中断而造成不必要的经济损失。

漏电保护器的额定漏电动作电流应满足以下三个条件:

(1) 为了保证人身安全,额定漏电动作电流应不大于人体安全电流值,国际上公认不高于 30 mA 为人体安全电流值。

(2) 为了保证电网可靠运行,额定漏电动作电流应小于电压电网正常漏电电流。

(3) 为了保证多级保护的选择性,下一级额定漏电动作电流应小于上一级额定漏电动作电流,各级额定漏电动作电流应有级差 112~215 倍。

第一级漏电保护器安装在配电变压器低压侧出口处。该级保护的线路长,漏电电流较大,当其额定漏电动作电流处于无完善的多级保护时,最大不得超过 100 mA;当具有完善多级保护时,对于漏电电流较小的电网,非阴雨季节为 75 mA,阴雨季节为 200 mA,对于漏电电流较大的电网,非阴雨季节为 100 mA,阴雨季节为 300 mA。

第二级漏电保护器安装于分支线路出口处,被保护线路较短,用电量不大,漏电电流较小。漏电保护器的额定漏电动作电流应介于上、下级保护器额定漏电动作电流之间,一般取作 30~75 mA。

第三级漏电保护器用于保护单个或多个用电设备,是直接防止人身触电的保护设备。被保护线路和设备的用电量小,漏电电流小,一般不超过 10 mA,宜选用额定动作电流为 30 mA、动作时间小于 0.1 s 的漏电保护器。

2.10.3 漏电保护器的电气符号

漏电保护器电气图形符号及文字符号如图 2-60 所示。

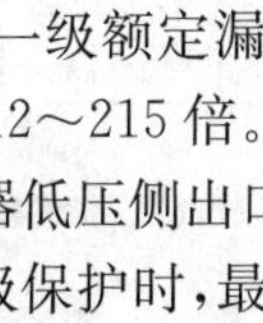

图 2-60 漏电保护器电气图形符号及文字符号

2.10.4　漏电保护器的选用

漏电保护器的选用原则如下：

1）类型的选择

电压型漏电保护器目前已基本上淘汰。一般情况下，应优先选用电流型漏电保护器。

2）极数的选择

单相220V电源供电的电气设备，应选用二极二线式或单极二线式漏电保护器；三相三线制380V电源供电的电气设备，应选用三极式漏电保护器；三相四线制380V电源供电的电气设备，或者单相设备与三相设备共用电路，应选用三极四线式、四极四线式漏电保护器。

3）额定电流的选择

漏电保护器的额定电流值应不小于实际负载电流。

4）可靠性的选择

额定电压在50V以上的Ⅰ类电动工具，应选用额定漏电动作电流不大于15mA的快速动作型漏电保护器，同时必须做接地或接零保护，主要用于间接接触保护目的；单台电气设备可选用额定漏电动作电流为30～50mA的快速动作型漏电保护器；大型或多台电气设备可选用额定漏电动作电流为50～100mA的快速动作型漏电保护器。漏电保护器动作时间不应大于0.1s，否则对人身安全存有威胁。

家用电路中漏电保护应用实例如图2-61所示。

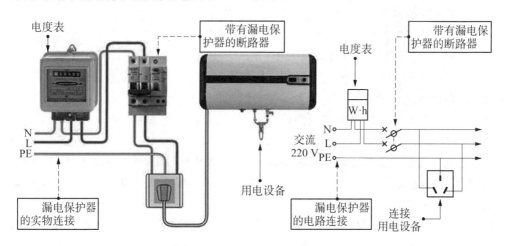

图2-61　家庭电路中的漏电保护示意图

从图2-61中可以看出，单相交流电经过电度表及漏电保护器后为用电设备供电。正常情况下，相线端L的电流与零线端N的电流相等，回路中剩余电流几乎为零。当发生漏电或触电情况时，相线L的一部分电流流过触电人身体到地面，相线端L的电流大于零线端N的电流，回路中产生剩余的电流量，剩余的电流量驱动保护器动作，切断电路实现保护。

2.11　启动器

启动器是提供电机启动、停止和换向控制用的一种电器，除少数手动启动器外，启动器大都由接触器、热继电器、控制按钮等电器元件按一定方式组成，并具有过载、失电压保护等功能。

启动器的分类方法包括：

（1）按启动方式分类，可分为全压直接启动器和减压启动器。其中，减压启动器又可再分为星-三角(Y-△)启动器、自耦减压启动器、电抗减压启动器、电阻减压启动器和延边三角形启动器等。

（2）按用途分类，可分为可逆电磁启动器和不可逆电磁启动器。

（3）按外壳防护形式分类，可分为开启式启动器和防护式启动器。

（4）按操作方式分类，可分为手动启动器、自动启动器和遥控启动器。其中，手动启动器是采用不同外缘形状的凸轮或按钮操作的锁扣机构来完成电路的分、合、转换。启动器可带有热继电器、失压脱扣器、分励脱扣器。

2.11.1 启动器的结构及工作原理

1) 磁力启动器

磁力启动器是一种用于中国船级社(CCS)的标准大于 0.5 kW 电机上的启动装置，而船机设备则以 1 kW 为起点，这是标准的规定。磁力启动器用于远距离控制电机启动、停止、反转，兼作低电压和过负荷保护器件，必须与熔断器配合使用。磁力启动器如图 2-62 所示。

磁力启动器由钢质冲压外壳、钢质底板、交流接触器、热继电器和相应配线构成，使用时应配备启动停止按钮开关，并正确连接手控信号电缆。当按下启动按钮时，磁力启动器内装的交流接触器线圈得电，衔铁带动触点组闭合，接通用电设备(一般为电机)电源，同时通过辅助触点自锁。按下停止按钮时，内部交流接触器线圈失电，触点断开，切断用电设备电源并解锁。

根据不同的控制需要，磁力启动器也可灵活接线，实现点动、换相等功能。磁力启动器内装的热继电器提供所控制电机的过载保护，热继电器的整定电流应符合电机功率需要。

磁力启动器属于全压直接启动，在电网容量和负载两方面都允许全压直接启动的情况下使用。这种启动器的优点是操作控制方便、维护简单和比较经济。主要用于小功率电机的启动，大于 11 kW 电机的启动不宜用此方法。

2) 软启动器

电机软启动器一般以大功率双向晶闸管构成三相交流调压电路，以微处理器及信号采集、保护环节构成控制器，通过控制晶闸管的触发角，调节晶闸管调压电路的输出电压，实现电机的无触点降压软启动、软停车和空载、轻载的节能及保护功能。典型的软启动器如图 2-63 所示。

软启动器在三相异步电机启动电路中的应用即软启动器接线图如图 2-64 所示。

软启动器工作原理为：当电机启动时，由电子电路控制晶闸管的导通角使电机的端电压以设定的速度逐渐升高，一直升到全电压，使电机实现无冲击启动的过程。当电机启动完成并达到额定电压时，使三相旁路接触器闭合，电机直接投入电网运行。

图 2-62   磁力启动器

图 2-63   典型的软启动器

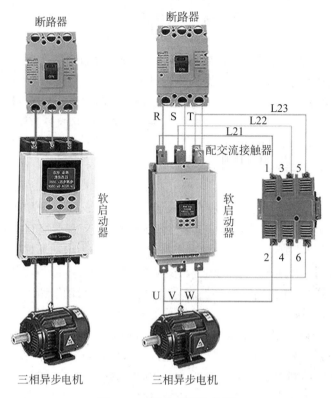

图 2‑64　软启动器接线图

软启动器的特性主要包括：

（1）启动电流以一定的斜率上升至设定值，对电网无冲击。

（2）启动过程中引入电流负反馈，启动电流上升至设定值后，使电机启动平稳。

（3）不受电网电压波动的影响。由于软启动器以电流为设定值，电网电压上下波动时，通过增减晶闸管的导通角，调节电机的端电压，仍可维持启动电流恒值，从而保证电机正常启动。

（4）针对不同负载对电机的要求，可以无级调整启动电流设定值，从而改变电机启动时间，实现最佳启动时间控制。

软启动器由于在启动前设定了一个不对电网产生影响的启动电流，电流是缓慢增大至设定电流，故无冲击电流，对电网的影响最小，并且能消除启动力矩的冲击。

3）自耦减压启动器

电机自耦减压启动器又称补偿启动器，是一种利用自耦变压器降低电机启动电压的控制电器，它常用于电机空载或轻载启动，对容量较大或启动转矩要求较高的电机可采用自耦减压启动器。启动时，利用自耦变压器降低定子绕组的端电压；当转速接近额定转速时，切除自耦变压器，将电机直接接入电源实现全电压正常运行。

电机自耦减压启动器由自耦变压器、接触器、操作机构、保护元件和箱体等部分组成。自耦变压器、保护元件和操作机构均安装在箱体的上部，自耦变压器的高压侧接电源，低压侧接电机，并且有几个分接头，分别是电源电压的 40%、65% 和 80%；可以根据电机启动时的负载大小选择不同的启动电压。由于电压比不同，可以获得不同的启动转矩。保护元件有过载保护与欠电压保护，其中过载保护采用带断相保护的热继电器，欠电压保护采用欠电压脱扣器。

操作机构包括操作手柄、主轴和机械联锁装置等。

　　电机自耦减压启动器分手动式、自动式两类，常用产品有手动 QJ3 充油式系列、手动 QJ10 空气式系列、自动 XJ01 系列，它们适用于交流电压 220～440 V、功率为 75 kW 的三相鼠笼型感应电机作不频繁降压启动及停车之用。

　　电机手动 QJ3 充油式系列自耦减压启动器的实物及结构图如图 2-65 所示。

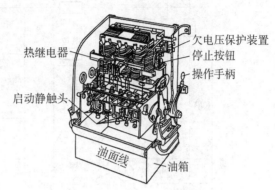

（a）手动自耦减压启动器实物图　　　　（b）手动自耦减压启动器结构图

图 2-65　电机手动 QJ3 充油式系列自耦减压启动器实物及结构图

三相电机自动自耦减压启动器控制实物图如图 2-66 所示。

1—面板；2—时间继电器；3—刀开关；4—熔断器；5—电机保护器；6—交流接触器；7—自耦变压器

图 2-66　三相电机自动自耦减压启动器控制实物图

　　三相电机自动自耦减压启动器控制电路图如图 2-67 所示。其工作原理是：合上电源开关，HL1 指示灯亮，电源电压正常。按下启动按钮 SB1，接触器 KM1 和 KM2、时间继电器 KT 线圈同时通电并自锁，将自耦变压器 T 接入，电机定子绕组经自耦变压器 T 供电以作减压启动；同时指示灯 HL1 熄灭，HL2 指示灯亮，显示电机作减压启动。当电机转速接近额定转速时，时间继电器整定时间到，其延时动合触头闭合，使中间继电器 KA 线圈通电并自锁。一方面 KA 动断触头断开，使 KM1、KM2、KT 线圈断电释放，将自耦变压器 T 切除，同时指示灯

HL2 熄灭;另一方面 KA 动合触头闭合,使 KM 线圈通电吸合,电机在额定电压下正常运转;同时 HL3 指示灯亮,显示电机在正常运转。

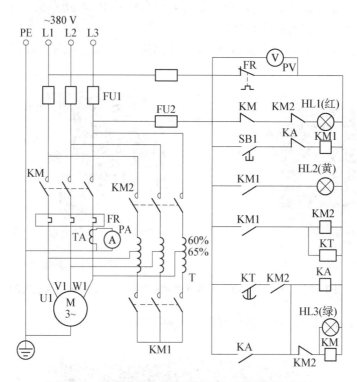

图 2-67　三相电机自动自耦减压启动器控制电路图

4) Y-△启动器

电机Y-△启动器是用于电机降压启动的电器设备,它通过改变电机的接线方式而降低启动电压,从而降低启动电流,适用于正常运行时绕组为三角形接线且具有六个出线端子的低压笼型电机的启动。电机Y-△启动器在启动时将电机定子绕组接成Y形,使加在每相绕组上的电压由 380 V 降为 220 V,从而可以降低电机的启动电流,减轻对电网的冲击。当电机达到一定的转速时,再将定子绕组改接成△形,使电机在额定电压 380 V 下运行。

电机Y-△启动器分手动式和自动式两类,电机Y-△启动器实物图如图 2-68 所示。

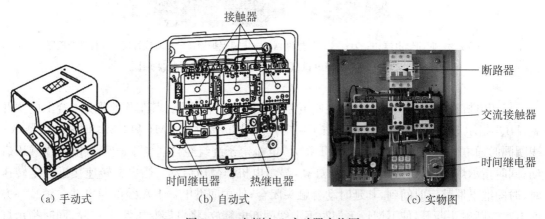

（a）手动式　　　　（b）自动式　　　　（c）实物图

图 2-68　电机Y-△启动器实物图

手动式Y-△启动器有 QX1、QX2 系列产品,它不带任何保护,所以需要与断路器、熔断器等配合使用。当电机因失电压停转后,应立即将手柄扳到停止位置上,以免电压恢复时电机自行全电压启动。自动式Y-△启动器产品有 QX3 – 13、QX3 – 30、QX3 – 55 和 QX3 – 125 型等,由接触器、热继电器、时间继电器和按钮等组成,能自动控制电机定子绕组的Y-△切换,具有过载、失电压及断相保护功能。"QX3"后面的数字是指额定电压为 380 V 时,启动器可以控制电机的最大功率值。电机手动Y-△降压启动器控制电路如图 2 – 69 所示。

电机手动Y-△启动器启动原理为:启动时先合上电源开关 K1,再把转换开关 K2 投向 Y,此时定子绕组为星形连接,加在定子每相绕组上的电压为电机额定电压 U_{1N} 的 $1/\sqrt{3}$ 倍;当电机的转速升到接近额定转速时,再把转换开关 K2 投向△,此时定子绕组转换为三角形连接,电机定子每相绕组以额定电压 U_{1N} 运行,这种启动方式称为Y-△降压启动。

电机自动Y-△降压启动器控制电路如图 2 – 70 所示。

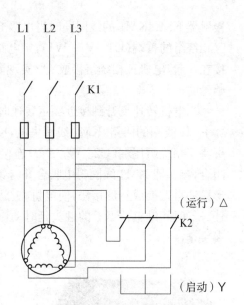

图 2 – 69　电机手动Y-△降压启动器控制电路图

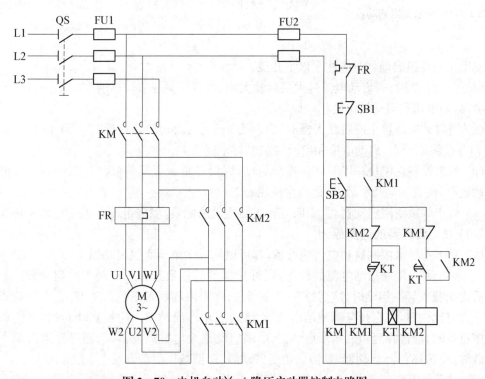

图 2 – 70　电机自动Y-△降压启动器控制电路图

电机Y-△降压启动器启动原理为:合上电源开关 QS 接通三相电源,按下启动按钮 SB2,

接触器 KM、KM1 的线圈同时得电吸合并自锁,主电路中的 KM 主触头闭合,接通电机定子三相绕组的首端(U1、V1、W1),主电路中的 KM1 主触头将定子绕组尾端(U2、V2、W2)连接在一起,电机三相绕组接成Y形实现降压启动。与此同时,时间继电器 KT 的线圈得电,开始延时。

当电机转速上升到接近额定转速时,延时设定时间到,一方面延时动断触头 KT 断开接触器 KM1 线圈的回路,KM1 线圈失电,KM1 的辅助动断触头复位闭合,主电路中的 KM1 主触头将三相绕组尾端(U2、V2、W2)连接断开,解除绕组Y形接法;另一方面延时动合触头 KT 闭合,接触器 KM2 线圈得电吸合并自锁,主电路中的 KM2 主触头闭合,将电机三相绕组由Y形接法自动换成△形接法,使电机在△形接法下全压运行,至此自动完成了Y-△降压启动的任务。时间继电器 KT 的触头延时动作时间,由电机的容量、负载轻重及启动时间的快慢等因素决定。

图 2 - 71　频敏变阻启动器

5) 频敏变阻启动器

频敏变阻启动器中的主要设备是频敏变阻器,如图 2-71 所示。频敏变阻启动器实际上是一种静止的无触头电磁器件,利用它对频率的敏感特性而自动变阻,用来代替启动电阻以控制绕线转子异步电机的启动。

频敏变阻启动器实质上是一个铁损很大的三相电抗器,其结构类似于没有二次绕组的三相变压器,它有一个由铸铁片或钢板叠成的三柱铁心,每个柱上有一个绕组。三个绕组一般接成Y形,每个绕组有 4 个抽头,可以组成绕组匝数的 100%、85%、71%,出厂时一般接在绕组的 85%抽头上。

使用频敏变阻启动器时应注意以下几点:

(1) 启动电机时,若启动电流过大或启动太快,可以接到匝数较多的 100%接线端子上,匝数增多,启动电流和启动转矩会相应地减小。

(2) 当启动电流过小或启动太慢时,启动力矩不够,启动转速过低时,则可以接到匝数较少的 71%接线端子上,启动电流和启动转矩也会相应增大。

(3) 如果设备在停机一段时间后重新启动,因设备负载太重,再次启动有困难时,可将电机点动数次,使其转动几下后,就能正常使用。

(4) 对于频敏变阻启动器,须定期进行表面积尘清除,检测绕组对金属壳的绝缘电阻。

2.11.2　启动器的选用原则

(1) 对于不要求限制启动电流的设备,都可以选择全电压直接启动器。

(2) 对于要求限制启动电流的设备,则可根据负载性质选择不同类型的启动器:①当负载性质为无载或轻微启动时,应选择Y-△启动器、电阻启动器及电抗启动器;②当负载转矩与转速平方成比例时,应选择自耦减压启动器、延边三角形启动器及电抗启动器;③当负载性质为摩擦负载时,应选择延边三角形启动器、电阻启动器及电抗启动器;④当遇到阻力矩小的惯性负载时,应选择Y-△启动器、延边三角形启动器、自耦减压启动器及电抗启动器。

(3) 对于要求减小启动时机械冲击的场合,应根据不同负载性质的需要,选择不同类型的启动器,具体方法如下:①对于摩擦负载,应选择电阻启动器;②对于恒转矩负载,应选择电阻启动器及电抗启动器;③对于重力负载,应选择电抗启动器;④对于恒重负载,应选择电抗启动器。

2.12 其他低压电器

2.12.1 电阻器和变阻器

电阻器通常称为电阻,是电路元件中应用最广泛的一种。电阻实物图及符号如图 2-72 所示。

在电路中,电阻器主要用来稳定和调节电路中的电流和电压,即起降压、分压、限流、分流等作用,其质量的好坏对电路作业的安全和稳定性有极大影响。

电阻器是用电阻材料制成的、有一定结构形式、能在电路中起限制电流通过作用的两端电子元件。阻值不能改变的称为固定电阻器;阻值可

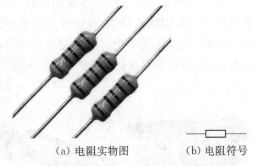

(a) 电阻实物图　　(b) 电阻符号

图 2-72　电阻实物图及符号

变的称为电位器或可变电阻器。理想的电阻器是线性的,即通过电阻器的瞬时电流与外加瞬时电压成正比。电阻器按作业特性可分为固定式电阻器和可变式电阻器两大类。变阻器可以调节电阻大小的装置,接在电路中能调整电流的大小,如图 2-73 所示。

电阻器的主要参数有标称阻值(简称"阻值")、额外功率和精度过失。

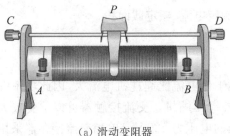

(a) 滑动变阻器　　　　　　　　　　(b) 变阻箱

图 2-73　变阻器

(1) 标称阻值。通常是指电阻器上标明的电阻值。电阻的单位为欧姆(Ω)、千欧(kΩ)、兆欧(MΩ)等。

(2) 额外功率。指在规范大气压和设定的环境温度下,电阻器可以长时间负荷而不改动其功用所容许的功率。功率用 P 标明,单位为瓦特(W),标称功率规范最常用的在 1/8~5 W 之间。

图 2-74　电位器

(3) 精度过失。实际阻值与标称阻值之间的相对过失称为电阻精度,常用电阻值的精度有五个等级($\pm 0.5\%$、$\pm 1\%$、$\pm 5\%$、$\pm 10\%$、$\pm 20\%$)。

电位器是一种可调的电子器件。它由一个电阻体和一个转动或滑动系统组成,如图 2-74 所示。电位器是具有三个引出端、阻值可按某种变化规律调节的电阻元件。电位器电阻体有两个固定端,可通过手动调节转轴或滑柄,改变动触点在电阻体上的位置,以改变动触点与任一固定端之间的电阻值,从而改变电压与电流的大小。

电位器既可作三端元件使用,也可作二端元件使用。后者可视作一可变电阻器,由于它在电路中的作用是获得与输入电压(外加电压)成一定关系的输出电压,因此称之为电位器。

2.12.2 端子

端子是为了方便导线的连接而加以应用的,它其实就是一段封在绝缘塑料里面的金属片,两端都有孔可以插入导线,有螺丝用于紧固或松开。两根导线,有时需要连接,有时又需要断开,这时就可以用端子把它们连接起来,并且可以随时断开,而不必把它们焊接起来或缠绕在一起,从而使用方便快捷,如图2-75所示。

图2-75 接线端子

接线端子可以分为欧式接线端子系列、插拔式接线端子系列、栅栏式接线端子系列、弹簧式接线端子系列、轨道式接线端子系列、穿墙式接线端子系列和光电耦合型接线端子系列等。

接线端子的主要技术参数有额定电压、额定电流、额定截面积。

2.13 低压电器应用实例

以空调中接触器的作用为例。空调柜机工作电流比起挂机电流大,因此功率继电器不能直接控制压缩机,而是间接通过交流接触器控制压缩机。交流接触器可以承受较大电流的通过,触点的通断由本身的线圈电磁控制,线圈的电压为220 V。单相交流接触器采用两对触点并联使用控制压缩机。三相压缩机控制电路的交流接触器一般和热过载保护用硬的三根导线连成一体,压缩机过流时,检流线圈发热到一定时候,温度达到保护设定,常闭开关断开产生过载信号由电路处理送往CPU。空调压缩机控制电路图如图2-76所示。

空气压缩机接触器熔焊保护电路也是接触器的典型应用。空气压缩机的接触器动作频繁,其触点极易造成熔焊。图2-77所示电路能解决触头熔焊问题。当压缩机到达上限工作压力时,及时把电机电源关断,起到保护电机的作用;而当到达下限压力时,电机不能再启动,同时发出电铃警告。

空气压缩机接触器熔焊保护线路工作原理为:合上断路器QF和操作开关S。当空气压缩机在压力下限时,中间继电器K经压力开关SA1和接触器KM1、KM2常闭辅助触点得电吸合并自保。之后,接触器KM1、KM2也得电吸合,压缩机M得电运转,气缸内的气压逐步上升。当气压升至上限时,压力开关SA1断开,K和KM1、KM2相继失电释放,电机停止运转。倘若因某种原因使KM1或KM2中有一对主触头熔焊且工作压力已到达上限时,则压力开关SA1会断开,使KM1、KM2失电释放,其中一个没有熔焊的接触器便会将电机电源切断。在工作压力降至下限时,由于有一个接触器主触头熔焊,其常闭辅助触点不能恢复闭合状态,致使中间继电器K线圈得不到电源,所以SA2闭合,电铃发声报警。

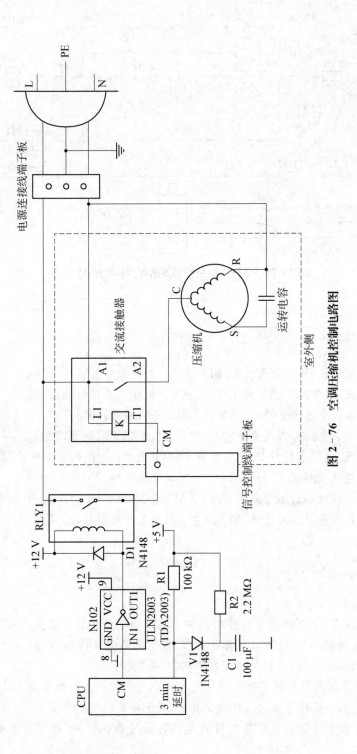

图 2 - 76 空调压缩机控制电路图

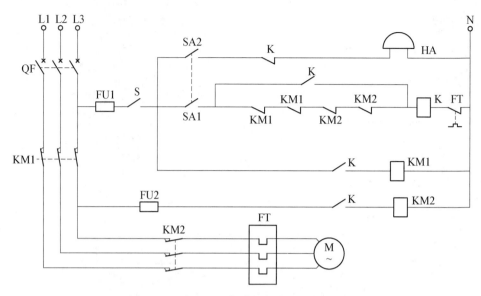

图 2-77　空气压缩机接触器熔焊保护电路图

参考文献

［1］彭珍瑞.电气控制及 PLC 应用技术[M].北京：人民邮电出版社,2013.
［2］王振臣,齐占庆.机床电气控制技术[M].北京：机械工业出版社,2012.
［3］杨国福.常用低压电器手册[M].北京：化学工业出版社,2008.
［4］黄永红,张新华,刘元清.低压电器[M].北京：化学工业出版社,2007.
［5］范国伟,刘一帆.电气控制与 PLC 应用技术[M].北京：人民邮电出版社,2013.
［6］陈光柱.机床电气控制技术[M].北京：人民邮电出版社,2013.
［7］孙克军.低压电控设备选型与使用 200 例[M].北京：中国电力出版社,2007.
［8］闫和平.常用低压电器应用手册[M].北京：机械工业出版社,2005.

思考与练习

1. 什么是低压电器,怎么分类?

2. 设计一个电机 Y-△-Y 转换节能控制电路。具体要求为：用电流互感器和电流继电器检测负载电流,当电流较小时,电流继电器不动作,控制电路使电机作"Y 接"运行；当负载电流较大时,电流继电器动作,切换控制电路使电机作"△接"运行。

3. 设计一个基于时间继电器的照明用电气控制系统原理图。控制要求为：灯泡 1 与灯泡 2 同时亮,灯泡 1 灭 30 s 后灯泡 2 灭。灯泡 2 亮时,任意时刻让灯泡 1 灭。

4. 某一单相交流电机拟采用热继电器对电机进行过载保护,试设计其电气控制系统原理图。

5. 给出一个速度继电器选择实例。

6. 拟用固态继电器控制一个三相交流电机正反转,试设计其电气控制系统原理图。

7. 试设计一个基于低压断路器操控的手动单向作业电气控制系统原理图。

8. 给出一个熔断器选择实例。

9. 纯电动汽车的动力电池电源电压多在 200~400 V,除动力电池总熔断器外,还存在汽车空调系统、暖风系统、DC/DC 系统(将动力电池电压转换为 14 V,提供整车低压电源,作用类同发电机)等其他附件高压回路,各回路均须串接直流高压熔断器做回路保护。试设计其电气控制系统原理图。

10. 试设计一个基于行程开关控制工作台自动往返的电气控制系统原理图,工作台由三相电机驱动,如图 2-78 所示。

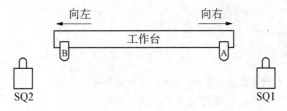

图 2-78 基于行程开关控制工作台

11. 给出一个隔离开关选择实例。

12. 给出一个组合开关选择实例。

13. 给出一个漏电保护器选择实例。

14. 一个三相电机采用软启动器启动,试设计其电气控制系统原理图。

第3章

常用电机及执行机构的电气控制

◎ **学习成果达成要求**

1. 掌握普通交流电机的电气控制原理、控制系统组成及控制电路。
2. 掌握常用电机的电气控制原理、控制系统组成及控制电路。
3. 掌握普通直流电机的控制原理、控制系统组成及控制电路。
4. 掌握电磁阀和比例/伺服阀的控制原理、控制系统组成及控制电路。
5. 掌握泵和风机的控制原理、控制系统组成及控制电路。
6. 掌握阀门的控制原理、控制系统组成及控制电路。

«««

本章主要介绍普通交流电机控制单元、交流伺服电机控制单元、直流伺服电机控制单元、步进电机控制单元、普通直流电机控制单元、电磁阀控制单元、阀门控制单元、泵控制单元以及风机控制单元等的控制原理、控制方法和电气控制系统原理图。掌握这些基本控制单元的电气原理图,就为设计复杂的电气控制系统奠定了基础。

3.1 普通交流电机的电气控制

3.1.1 普通交流电机的电气控制原理

普通交流电机分为单相电机和三相电机两类,前者采用单相交流电驱动,后者采用三相交流电驱动。普通电机又分为同步电机和异步电机两类,前者是指电机的转子速度与定子旋转磁场的转速相同;后者是指电机的转子速度低于定子旋转磁场转速。常用的单相交流异步电机、单相交流同步电机、三相交流异步电机以及三相交流同步电机结构,如图 3-1 所示。

普通交流电机的电气控制包括启停控制、换向控制和调速控制。

1) 启停控制

利用控制信号控制交流继电器和交流接触器的主触点的"吸合"和"断开",可以接通或断开普通交流电机的主回路,从而实现普通交流电机的启停控制。

2) 单相交流电机的调速控制

单相交流电机常用的调速方式包括串接电阻调速、晶闸管调速、串联电抗调速、绕组抽头调速等。

(1) 串接电阻调速。正温度系数(positive temperature coefficient, PTC)热敏电阻的显著特点是随着温度的升高,阻值逐渐增大。可以利用其特性在电机控制电路中串接一个合适的

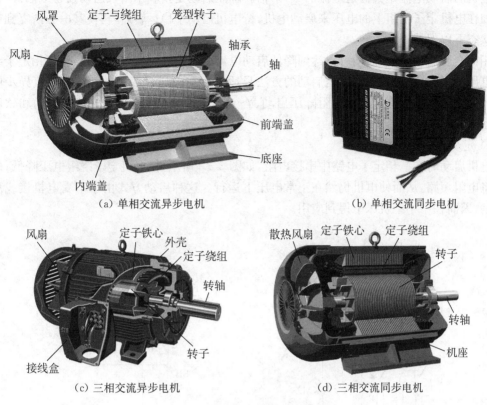

（a）单相交流异步电机 （b）单相交流同步电机

（c）三相交流异步电机 （d）三相交流同步电机

图 3-1 交流异步电机结构示意图

PTC 电阻来改变电压,进而改变电机运行速度。

（2）晶闸管调速。指通过改变晶闸管的导通角来改变电机的波形,从而改变电压的有效值,来达到调速的目的。

（3）串联电抗调速。将电机主、副绕组并联,再串接具有抽头的电抗器,当转速开关处于不同位置时,电抗器的电压降不同,使电机端电压改变而实现调速。

（4）绕组抽头调速。指把电抗调速中的电抗嵌入定子槽中,通过改变中间绕组与主、副绕组的连接方式来调整磁场的大小,从而调节电机的转速。

3）普通三相交流电机的调速控制

三相异步电机的转速为

$$n = n_0(1-s) = 60\frac{f}{p}(1-s) \tag{3-1}$$

式中,n 为电机转速;f 为交流电频率;p 为电机极对数;s 为转差率。

由式(3-1)可知,三相异步电机的调速方法,可有改变极对数 p（变极调速）、改变频率 f（变频调速）和改变 s（改变转差率调速）三种,其中以变频调速方式最为普遍。

3.1.2 普通交流电机的控制电路

3.1.2.1 交流异步电机的减压启动控制电路

交流异步电机的启动方式分为全压启动和降压启动两种。全压启动是指将电源电压全部加在电机定子绕组上进行的启动。该方式所需的电气设备少,电路简单,但是启动电流较大,异步电机的启动电流是其额定电流的 4～7 倍。降压启动是指利用附加启动设备或额外线路，降低加在电机定子绕组上的电压来启动电机，待电机启动平稳运转后，再使其电压恢复到额定电压状态下以保持正常运转。

相比全压启动，降压启动可以达到降低启动电流的目的，但由于启动力矩与每相定子绕组所加电压的平方成正比，所以降压启动的方法只适用于空载或轻载启动。三相交流异步电机常用的降压启动方法有定子串电阻降压启动、Y-△降压启动、自耦变压器降压启动和软启动器启动等。

1）定子串电阻降压启动

电机启动时在三相定子电路中串接电阻，如图 3-2 所示，使电机定子绕组电压降低；启动后再将电阻短路，从而使电机仍然在正常电压下运行。这种启动方式由于不受电机接线形式的限制，因而在中小型机床中得到应用。

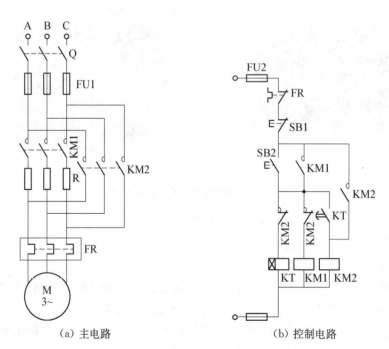

（a）主电路　　　　　　　　（b）控制电路

图 3-2　定子串电阻降压启动控制电路图

2）Y-△降压启动

这种启动方式是通过改变电机绕组连接方式实现的。电机正常运行时定子绕组接成△形连接的笼型，利用 Y-△减压启动的方法限制启动电流。启动时，定子绕组先按 Y 形连接，待转速上升到接近额定转速时，再将定子绕组改变成△形连接，电机全压运行。图 3-3 为 Y-△降压启动器。实际应用时，可以采用 Y-△降压启动器实现 Y-△降压启动目的，当然，也可以采用继电器组合方式实现 Y-△降压启动。

Y-△降压启动控制电路如图 3-4 所示。其工作原理

图 3-3　Y-△降压启动器

为：合上闸刀开关 Q,按下 SB2,KM2 线圈得电自保,KM1 线圈得电,使电机 M 进行Y形连接启动,同时 KT 线圈也得电。当电机 M 的转速接近额定转速时,到达时间继电器 KT 整定时间,KT 的常闭延时触点先打开,KM1 线圈失电,KT 的常开延时触点后闭合,KM3 线圈得电,电机 M 定子绕组△形连接全压运转,同时 KT 线圈也失电。KM1、KM3 的辅助常闭触点可防止 KM1、KM3 同时得电造成短路。

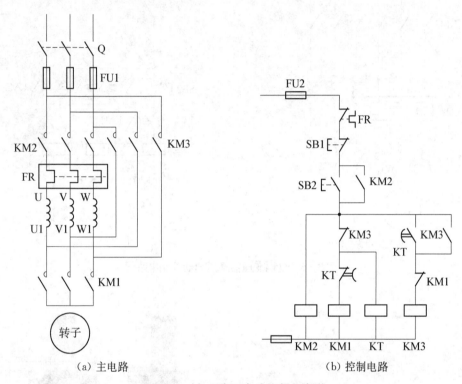

（a）主电路   （b）控制电路

图 3-4　Y-△降压启动控制电路图

3）自耦变压器降压启动

对于正常运行时定子绕组接成Y形连接的异步电机,可用自耦变压器减压启动。启动时,定子绕组加上自耦变压器的二次电压,一旦启动完毕,自耦变压器被脱开,定子绕组加上额定电压正常运行。图 3-5 为自耦变压器降压启动控制电路图。其工作原理为:合上闸刀开关 Q,按下 SB2,KM1 线圈得电,自耦变压器 T 作Y形连接,同时 KM2 线圈得电,电机减压启动,KT 线圈得电。当电机的转速接近额定转速时,到达 KT 的整定时间,其常闭延时触头先打开,KM1、KM2 线圈先后失电,自耦变压器 T 被断开,KT 的常开延时触头后闭合,在 KM1 的常闭辅助触头复位前提下,KM3 得电,电机全压运行。

图 3-4 所示电路中,KM1、KM3 的常闭辅助触头可防止线圈 KM1、KM2、KM3 同时得电、将自耦变压器 T 的一部分绕组短接而使其余部分绕组烧坏。

4）软启动器启动

三相电机也可以采用软启动器启动。软启动器实物如图 3-6a 所示,软启动器实际上是一个调压器,它通过控制被控电机的输入电压,使其按照要求变化,实现电机的软启动和软停车,软启动器只改变电压而不改变频率。图 3-6b 为软启动器控制电路;软启动器有在线式连接和旁路式连接两种连接方式,分别如图 3-6c、d 所示。

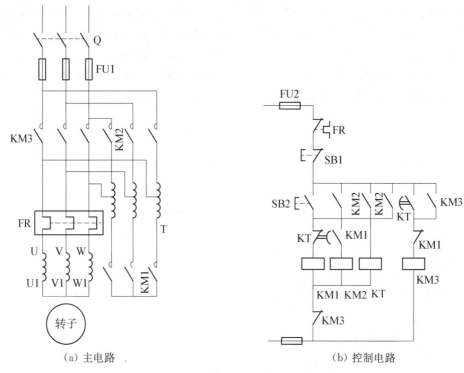

(a) 主电路　　　　　　　　　　　　　　　　(b) 控制电路

图 3 - 5　自耦变压器降压启动控制电路图

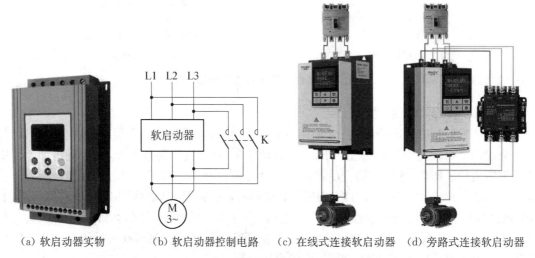

(a) 软启动器实物　　(b) 软启动器控制电路　　(c) 在线式连接软启动器　　(d) 旁路式连接软启动器

图 3 - 6　软启动器实物图及软启动器启动控制线路图

3.1.2.2　交流异步电机的制动控制电路

交流异步电机的制动方式包括能耗制动、反接制动、回馈制动三种。

1) 能耗制动

能耗制动是指电机切断交流电源后,立即在定子绕组的任意两相中通入直流电,该电流在定子绕组中产生一个磁场,转子切割该磁场,利用转子感应电流受恒定磁场的作用,在电机转子上产生与电机原转动方向相反的制动转矩,从而使电机达到制动的目的。

图 3-7 为能耗制动控制电路图。在能耗制
动时，接触器 QS1 断开而 QS2 闭合，使定子绕组
脱离电网而在其定子两相绕组上通入直流电；该
直流电在电机内会建立一个恒定磁场，对电机产
生制动作用，电机转速不断下降，将电机储存的机
械能转变为电能消耗在转子回路的电阻上；当转
速降为零时，转子感应电动势和感应电流均为零，
制动过程结束。

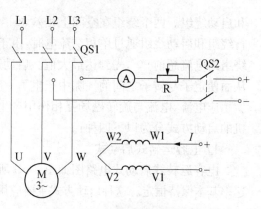

图 3-7　能耗制动控制电路图

2) 反接制动

反接制动是指利用改变电机电源的相序，即
将定子绕组三根供电线中的任意两根对调，则因
定子电流相序改变，使定子绕组产生相反方向的
旋转磁场，从而产生制动转矩的一种制动方法。反接制动的特点是制动迅速、效果好，但冲击
大，故反接制动一般用于电机须快速停车的场合。

图 3-8 为异步电机单向运行反接制动控制电路图，其中 KM1 为电机单向旋转接触器，KM2
为反接制动接触器，制动时在电机两相中串入制动电阻；图中用速度继电器来检测电机转速。

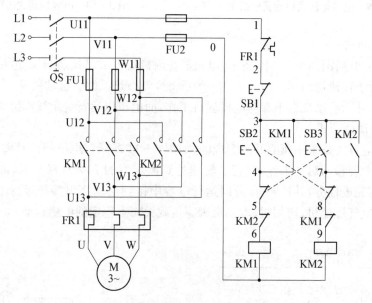

图 3-8　异步电机单向运行反接制动控制电路图

3) 回馈制动

电机工作过程中，由于受外力的作用，使电机的转速超过旋转磁场的同步转速，此时电机
转子导体与旋转磁场的相对切割方向同电机运行状态相反，则转子电流及电磁转矩的方向也
相反，即电磁转矩方向与转子旋转方向相反，变为制动转矩。此时，电机吸收机械能，但不是把
它变为热能消耗在电阻上，而是反馈回电源。

3.1.2.3　单相交流电机的控制电路

单相异步电机工作时只需要单相交流电源供电，其定子铁心槽里有两套绕组，即运行绕组

和启动绕组。两个绕组在空间上相差 90°。在启动绕组上串联了一个容量较大的电容器,当运行绕组和启动绕组通过单相交流电时,由于电容器作用使启动绕组中的电流在时间上比运行绕组的电流超前 90°,先到达最大值。启动过程中,在时间和空间上形成两个相同的脉冲磁场,从而使定子与转子之间的气隙中产生了一个旋转磁场;在该旋转磁场的作用下,电机转子中产生感应电流,电流与旋转磁场互相作用产生电磁场转矩,使电机旋转起来。220 V 交流单相电机的启动方式分为以下四种:

1) 电容运转式启动式

电容运转式启动式电路图如图 3-9 所示,它由启动绕组来辅助启动,其启动转矩小,运转速率基本保持恒定。这种启动方式主要应用于电风扇、空调风扇、洗衣机等电机的启动。

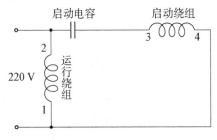

图 3-9　电容运转式启动式电路图

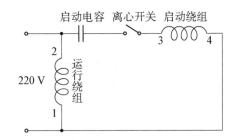

图 3-10　电容启动式电路图

2) 电容启动式

电容启动式电路图如图 3-10 所示,电机静止时离心开关是接通的,给电后启动电容参与启动工作,当转子转速达到额定值的 70%～80%时,离心开关便会自动跳开,启动电容完成启动任务,并被断开。启动绕组不参与电机运行工作,而电机以运行绕组线圈继续动作。

3) 电容启动运转式

电容启动运转式是采用离心开关实现的,如图 3-11 所示。电机静止时离心开关接通,电机加电后启动电容参与启动工作,当转子转速达到额定值的 70%～80%时,离心开关会自动跳开,启动电容完成任务,并被断开,此时运行电容串接到启动绕组参与运行工作。这种启动方式一般用于空气压缩机、切割机、木工机床等负载大而不稳定的电机启动。

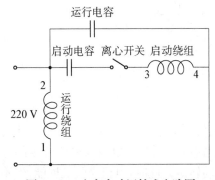

图 3-11　电容启动运转式电路图

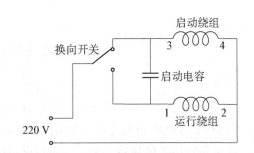

图 3-12　阻抗分相启动式电路图

4) 阻抗分相启动式

阻抗分相启动式电路图如图 3-12 所示,它利用正反转开关实现启动。通常这种电机的启动绕组与运行绕组的电阻值相同,即电机的启动绕组与运行绕组是线径与线圈数完全一致的。这种启动方式控制方法简单,无需复杂的转换开关,在洗衣机等设备中得到应用。

3.1.2.4 三相交流电机的控制电路

三相异步电机调速方法主要有变极调速、转差率调速和变频调速等:变极调速是通过改变定子绕组的磁极对数以实现调速;转差率调速是改变定子电压调速,转子串电阻调速和串级调速也都属于改变转差率调速;变频调速是通过改变供电频率以实现电机转速。

1) 变极调速控制

变换异步电机绕组极数从而改变同步转速进行调速的方式称为变极调速。变极调速的基本原理为:如果电网频率不变,电机的同步转速与它的极对数成反比;若改变电机绕组的接线方式,使其在不同的极对数下运行,其同步转速便会随之改变。变更极对数的调速方法一般仅适用于笼式异步电机。双速电机和三速电机是变极调速中最常用的两种形式。双速电机绕组连接方式如图 3-13 所示。

双速电机定子绕组的连接方式常有两种:一种是绕组从三角形改成双星形,如图 3-13a 所示的连接方式转换成如图 3-13c 所示的连接方式;另一种是绕组从单星形改成双星形,如图 3-13b 所示的连接方式转换成如图 3-13c 所示的连接方式。这两种接法都能使电机产生的磁极对数减少一半,从而使得电机的转速提高 1 倍。

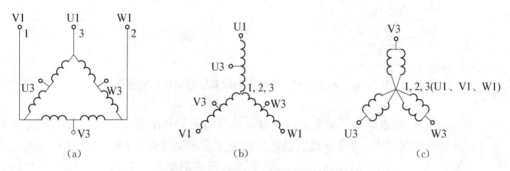

图 3-13 双速电机绕组连接方式

图 3-14 是双速电机三角形转换成双星形的控制电路图。其工作原理为:当按下启动按钮 SB2,主电路接触器 KM1 的主触头闭合,电机三角形连接,电机以低速运转;同时 KA 的常开触头闭合使时间继电器线圈带电,经过一段时间(时间继电器的整定时间),KM1 的主触头断开,KM2、KM3 的主触头闭合,电机的定子绕组由三角形变成双星形,电机以高速运转。

变极调速设备简单、运行可靠,既适用于恒转矩调速(Y/YY),也适用于近似恒功率调速(△/YY)。这种启动方式的缺点是转速只能成倍变化,为有级调速。Y/YY 变极调速应用于起重电葫芦、运输传送带等,△/YY 变极调速应用于各种机床的粗加工和精加工。

2) 转差率调速

(1) 变压调速。当异步电机的等效电路参数不变时,在相同的转速下,电磁转矩与定子电压的二次方成正比。因此,改变定子外加电压就可以改变机械特性的函数关系,从而改变电机在一定输出转矩下的转速。变压调速目前主要采用晶闸管交流调压器实现,它是通过调整晶闸管的触发角来改变异步电机端电压进行调速。这种调速方式下,调速过程中的转差功率损耗在转子里或其外接电阻上效率较低,仅用于小容量电机。

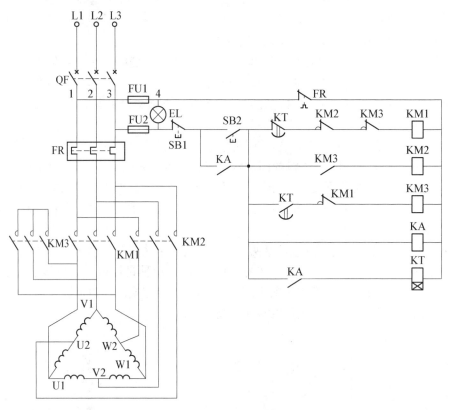

图 3-14 双速电机三角形转换成双星形的控制电路图

（2）转子串电阻调速。转子串电阻调速是在绕线转子异步电机转子外电路上接入可变电阻，通过对可变电阻的调节，改变电机机械特性斜率来实现调速的一种方式。这种调速方式结构简单、成本低，但转差功率损耗在电阻上，效率随转差率增加等比下降，故这种方法目前一般不被采用。

（3）串级调速。电机串级调速的基本原理是在绕线转子异步电机转子侧通过二极管或晶闸管整流桥，将转差频率交流电变为直流电，再经可控逆变器获得可调的直流电压作为调速所需的附加直流电动势，将转差功率变换为机械能加以利用或使其反馈回电源而进行调速。这是一种节能型调速方式，在大功率风机、泵类等传动电机上得到应用。

3）变频调速控制

变频调速是利用电机的同步转速随频率变化的特性，通过改变电机的供电频率进行调速的方法。在异步电机诸多调速方法中，变频调速的性能最好、调速范围广、效率高和稳定性好。典型的变频器如图 3-15 所示。

变频器调速是依据异步电机的转速与电源供电频率成正比的原理实现的。根据式（3-1），异步电机的转速为

$$n = 60\frac{f}{p}(1-s)$$

式中，n 为电机转速；f 为交流电频率；p 为电机极对数；s 为转差率。

图 3-15　典型的变频器

由上式可以看出,在电机极对数和转差率一定的情况下,通过调整电机供电频率,就可以改变电机转速,这就是变频调速原理。异步电机的变频调速必须按照一定的规律同时改变其定子电压和频率,基于这种原理构成的变频器即所谓的 VVVF(variable, voltage, variable, frequency)调速控制,这也是通用变频器(VVVF)的基本原理。

三相电机基于变频器的典型电气控制系统电路如图 3-16 所示。

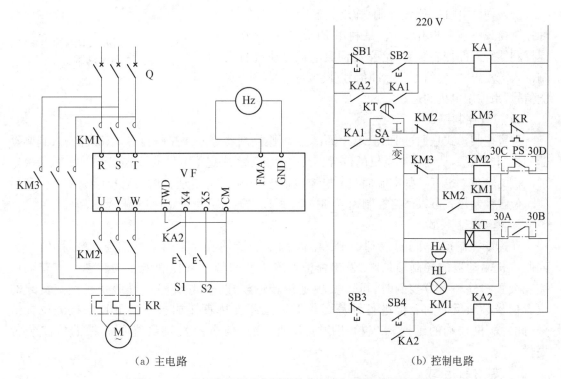

（a）主电路　　　　　　　　　　（b）控制电路

图 3-16　三相电机基于变频器的典型电气控制系统电路图

3.1.3　普通交流电机的应用

1）普通单相电机的应用

普通单相电机在生产方面有微型水泵、磨浆机、脱粒机、粉碎机、木工机械和医疗器械等的应用,在生活方面有电风扇、吹风机、排气扇、洗衣机、电冰箱等小功率和小扭矩输出场合的应用。

2）普通三相电机的应用

三相异步电机主要用于电机、拖动各种生产机械，多应用于输出大功率和大扭矩的场合，如机床、港口起重设备、电力机车牵引等。

3.2　交流伺服电机的电气控制

3.2.1　交流伺服电机的电气控制原理

交流伺服电机的定子有两个绕组，电信号之间的相移为 $90°$（连接北极和南极之间的角度为 $180°$）：一个绕组是由恒压源供电的参考绕组；另一个绕组是控制绕组，根据控制策略，其具有与参考电压频率相同的可变电压。电机的速度和转矩由参考绕组和控制绕组之间的相位差控制。典型的交流伺服电机及其驱动器如图 3 - 17 所示。

图 3 - 17　典型的交流伺服电机及其驱动器

3.2.2　交流伺服电机的控制系统组成及基本控制电路

交流伺服电机有位置控制、速度控制和转矩控制三种控制模式。实际应用时，它是利用 PLC、单片机或其他控制器等外部控制装置，给交流伺服电机驱动器的控制输入端发出"方向信号""脉冲信号/模拟量信号"和"使能信号"来控制电机的运动。

1）位置控制模式

位置控制模式是通过 PLC、单片机、交流伺服控制器等外部控制装置，将脉冲输入到驱动器的控制输入端，从而控制电机的位置。其中脉冲频率决定了电机的转速，而脉冲的数量决定了电机的转角。也有一些交流伺服电机控制系统，还可以通过通信端口直接给速度和位移赋值。位置控制模式可以严格控制速度和位置，所以它通常应用于定位控制。

2）速度控制模式

在速度控制模式下，可以利用 PLC、单片机、交流伺服控制器等外部控制装置，给交流伺服电机驱动器的控制输入端，发出模拟量或脉冲的频率来控制电机的转速。当有上位控制装置的外环 PID 控制时，可以实现定位转速模式，但电机的位置信号或直接负载的位置信号必须反馈到上位进行计算。位置模式还支持直接加载外环 PID 来检测位置信号，此时电机轴端的编码器仅检测电机转速，位置信号由直接最终负载端的检测装置提供。

3）转矩控制模式

转矩控制方式是利用 PLC、单片机或其他控制器等外部控制装置，给交流伺服电机驱动器的控制输入端，输入模拟量或分配直接地址来设定电机轴的输出转矩。具体实现方式是通过即时改变模拟量的设定值来改变转矩设定，也可以通过通信改变对应地址的值来实现。交流伺服电机电气控制原理图如图 3-18 所示。

交流伺服电机控制系统接线图如图 3-19 所示。

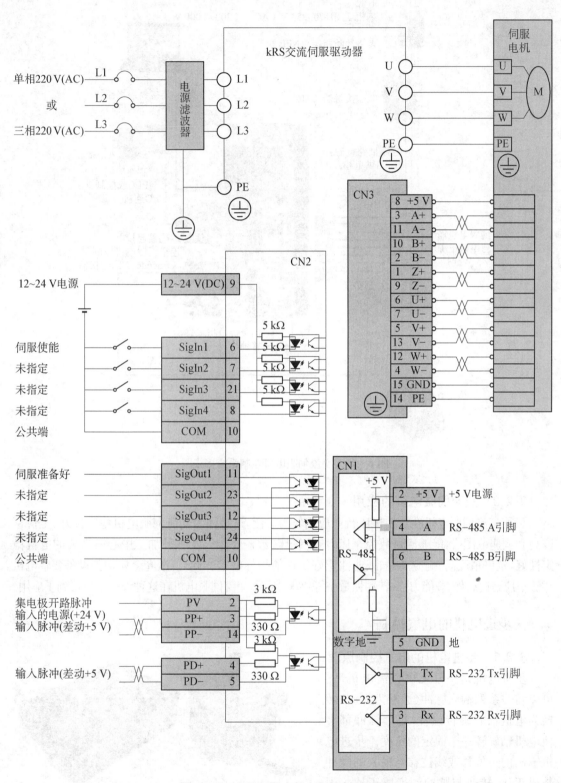

图 3-18 交流伺服电机电气控制原理图

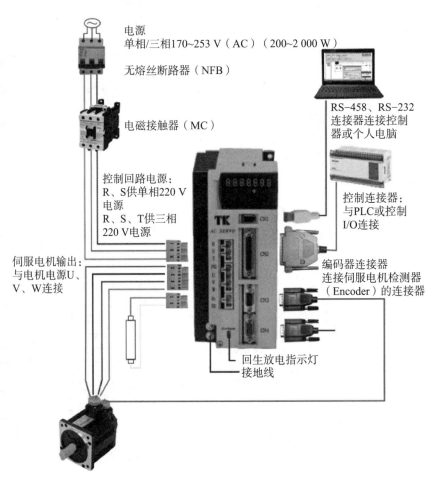

电源
单相/三相170~253 V（AC）（200~2 000 W）

无熔丝断路器（NFB）

电磁接触器（MC）

RS-458、RS-232
连接器连接控制
器或个人电脑

控制回路电源：
R、S供单相220 V
电源
R、S、T供三相
220 V电源

控制连接器：
与PLC或控制
I/O连接

伺服电机输出：
与电机电源U、
V、W连接

编码器连接器
连接伺服电机检测器
（Encoder）的连接器

回生放电指示灯
接地线

图 3 - 19　交流伺服电机控制系统接线图

3.2.3　交流伺服电机的应用

目前交流伺服电机在数控机床行业应用较为广泛，这是因为交流伺服电机稳定性好、定位精度高和调速范围广，能够满足数控车床、数控铣床、数控镗床以及各种加工中心所需要的电机稳定性好、定位精度高、响应高、加减速性能好等性能指标要求。此外，激光金属切割设备要求电机能够适应高速启停、载能力强、转动惯量小等要求，因而，交流伺服电机在这种设备中也得到了应用。

3.3　步进电机的电气控制

3.3.1　步进电机的电气控制原理

步进电机是一种无刷直流电机，它可以将一系列输入脉冲（通常为方波）转换为电机轴的旋转位置，每个脉冲都会使电机轴旋转一个固定的角度。步进电机输出的角位移或线位移与输入的脉冲数成正比，转速与脉冲频率成正比。因此，步进电机又称脉冲电机。典型的步进电机及其驱动器如图 3 - 20 所示。

图 3 - 20　典型的步进电机及其驱动器

3.3.2 步进电机的控制系统组成及基本控制电路

步进电机的控制系统通常由步进电机、电源、驱动器和控制器四部分组成。步进电机驱动器有总线型和脉冲型;其中,脉冲型的需要脉冲信号控制,总线型需要上位机。典型的步进电机控制系统组成及基本控制电路如图 3-21 所示,步进电机控制系统接线图如图 3-22 所示。

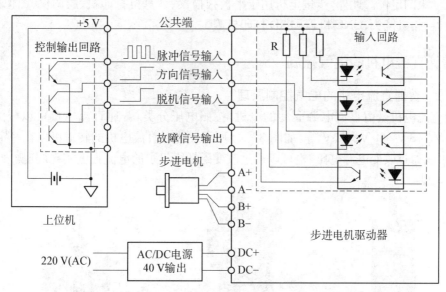

图 3-21　典型的步进电机控制系统组成及基本控制电路图

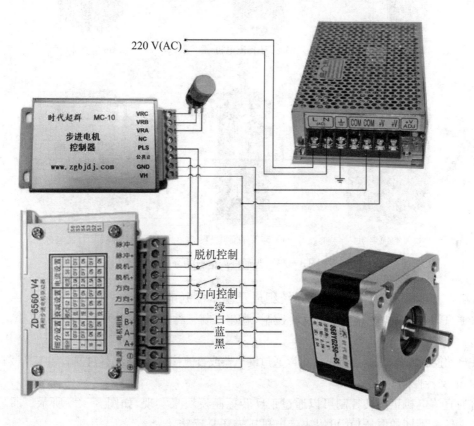

图 3-22　步进电机控制系统接线图

3.3.3　步进电机的应用

计算机控制的步进电机是一种自动化运动控制定位系统。它们通常作为开环系统的一部分进行数字控制，用于保持或定位。在激光和光学领域，步进电机用于精密定位设备，如线性执行器、线性工作台、旋转工作台、测角仪和镜架。其他用途还包括包装机械和流体控制系统中阀门先导级的定位。此外，步进电机用于平板扫描仪、计算机打印机、绘图仪、图像扫描仪、光盘驱动器、相机镜头、CNC 机器和 3D 打印机等。

3.4　普通直流电机的电气控制

3.4.1　普通直流电机的电气控制原理

普通直流电机是由直流电源驱动的电机，按照电压分类，普通直流电机可以分为 12 V、24 V、36 V、48 V、60 V、72 V 等，如图 3-23 所示。普通直流电机的转速可以在一定范围内调整，既可以通过改变电源电压，也可以通过改变磁场绕组中的电流强度实现调速。

(a) 12 V 直流电机　　　(b) 24 V 直流电机　　　(c) 36 V 直流电机

(d) 48 V 直流电机　　　(e) 60 V 直流电机　　　(f) 72 V 直流电机

图 3-23　普通直流电机的分类

3.4.2　普通直流电机的控制系统组成及基本控制电路

普通直流电机有启停控制、正反转控制、调速控制三种模式。

1) 启停控制

在自动控制场合，普通直流电机可以通过继电器或直流接触器进行启停控制，如图 3-24 所示。

2) 正反转控制

普通直流电机正反转控制可以通过正反转控制模块来实现，如图 3-25 所示。通过给模块输入端输入不同的电压值，可以决定电机正转还是反转。

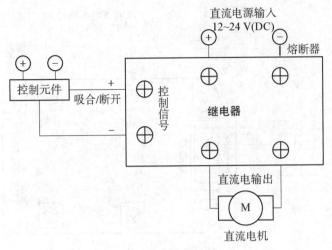

(a) 继电器启停控制

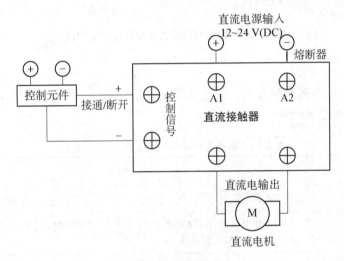

(b) 直流接触器启停控制

图 3-24 普通直流电机自动启停控制

图 3-25 普通直流电机正反转控制模块

基于上述模块的普通直流电机正反转控制原理图如图 3-26 所示。利用 PLC、单片机或其他控制器,把电平信号加在 A+、A-端上时,电机正转;若把电平信号加在 B+、B-端上时,电机反转。

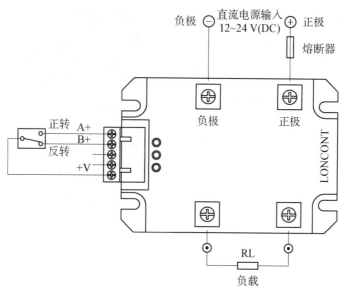

图 3 - 26 普通直流电机正反转控制原理图

3）调速控制

普通直流电机的调速控制方式主要有磁通控制方式、电枢电压控制方式和电枢电阻控制方式三种，它们的特点见表 3 - 1。

表 3 - 1 普通直流电机的控制方式及其特点

调速方式	特　　点
磁通控制方式	将可变电阻器电机与励磁绕组串联，可以降低通量，从而提高电机的速度
电枢电压控制方式	可改变电枢电压，即将电枢额定电压向下调低，转速也由额定转速向下调低，这种方式调速范围大
电枢电阻控制方式	在电枢回路中串联调节电阻，该方式转速只能调低，铜耗大，不经济

普通直流电机也可以利用专用的电压调速模块进行调速，该模块的控制端可以接受 0～5 V 或 0～10 V 的模拟电压；不同的输入电压值，对应于直流电机有不同的转速，普通直流电机电压调速模块如图 3 - 27 所示。

图 3 - 27 普通直流电机电压调速模块

　　基于电压调节模块实现普通直流电机调速控制原理图如图 3-28 所示。根据模拟量和电机转速的对应关系,在电压调速模块的控制端输入 0~5 V 或 4~20 mA 的直流信号,可以使得直流电机获得不同转速。

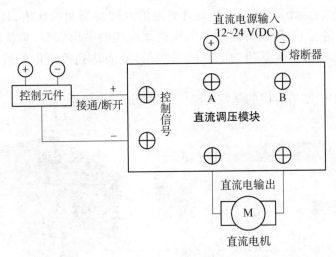

图 3-28　基于电压调节模块实现普通直流电机调速控制原理图

　　普通直流电机还可以通过脉宽调制(pulse-width modulation,PWM)的方法调节输出转速。在 PWM 驱动控制的调节系统里,系统按一个固定的频率来接通和断开电源,并且根据需要改变一个周期内"接通"和"断开"时间的长短。普通直流电机 PWM 调速电路图如图 3-29 所示。脉宽调制实际上是通过改变直流电机电枢上电压的"占空比"来达到改变平均电压大小,从而来控制电机的转速。

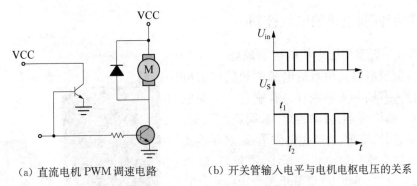

(a) 直流电机 PWM 调速电路　　　(b) 开关管输入电平与电机电枢电压的关系

图 3-29　普通直流电机 PWM 调速电路图

　　从图 3-29 中可以看出,当开关管的驱动信号为高电平时,开关管导通,普通直流电机电枢绕组两端有电压 U_s。开关管导通时间持续 t_1 秒;t_1 秒末,驱动信号变为低电平,开关管截止,普通直流电机电枢两端电压为 0,开关管截止时间持续 t_2 秒,完成一个周期 T。经过 t_2 秒末,驱动信号重新变为高电平,开关管又导通,普通直流电机电枢绕组两端有电压 U_s,如此循环往复。

　　在上述循环的一个周期 T 内,对应输入电平的高低,普通直流电机电枢绕组两端的电压

波形如图 3-29b 所示。电机电枢绕组两端的电压平均值

$$U_0 = (t_1 \times U_s + 0)/(t_1 + t_2) = (t_1/T)U_s = DU_s \qquad (3-2)$$

式中，D 为占空比，$D = t_1/T$。

占空比 D 表示在一个周期 T 里开关管导通的时间与周期的比值，且 $0 \leqslant D \leqslant 1$。当电源电压 U_s 不变的情况下，普通直流电机电枢两端电压的平均值 U_0 取决于占空比 D 的大小，改变 D 值也就改变了电枢两端电压的平均值，从而达到控制电机转速，即实现 PWM 调速。

对于普通直流电机，有专门的脉宽调制模块用于调节电机输出转速，如图 3-30 所示。

图 3-30　普通直流电机脉宽调速模块

3.4.3　普通直流电机的应用

普通直流电机多用于工具和电器。通常电机可以在直流电下运行，它是一种轻型有刷式电机，常用于便携式电动工具和电器。大型普通直流电机多用于电动汽车、电梯和起重机的推进等。

3.5　直流伺服电机的电气控制

3.5.1　直流伺服电机的控制原理

直流伺服电机是由直流电源驱动的伺服电机。它分为有刷和无刷两种。有刷直流伺服电机成本低、结构简单、启动转矩大、调速范围宽、控制容易、需要维护、会产生电磁干扰、对环境要求高。无刷直流伺服电机体积小、重量轻、输出力矩大、响应快、速度高、惯量小和力矩稳定。直流伺服电机及其驱动器如图 3-31 所示。

直流伺服电机有位置、速度和转矩三种控制模式，它是通过 PLC、单片机或其他控制器给交流伺服电机驱动器相应的输入端输入"方向信号""脉冲信号/模拟量信号"和"使能信号"来控制电机的运动。

图 3-31　直流伺服电机及其驱动器

1）位置控制模式

位置控制模式一般是通过 PLC、单片机、直流伺服电机控制器等外部装置，给电机驱动器的控制输入端输入脉冲信号实现的。其中输入信号的脉冲频率来确定转动速度的大小，通过脉冲的数量来确定转动的角度。也有些直流伺服系统可以通过通信方式直接对速度和位移进行赋值。

2）速度控制模式

速度控制模式是通过 PLC、单片机、直流伺服电机控制器等外部装置，给电机驱动器的控制输入端输入脉冲信号实现的。其中输入信号的脉冲频率决定电机的转速。由上位控制装置的外环 PID 控制时，速度控制模式也可以进行定位，但必须把电机的位置信号或直接负载的位置信号给上位反馈以做运算用。

3）转矩控制模式

转矩控制模式是通过 PLC、单片机、直流伺服电机控制器等外部装置，给电机驱动器的控制输入端输入模拟量实现的。这是因为直流伺服电机的转矩和外部模拟量之间有对应关系。

3.5.2   直流伺服电机的控制系统组成及基本控制电路

典型的直流伺服电机电气控制系统原理图如图 3 - 32 所示。

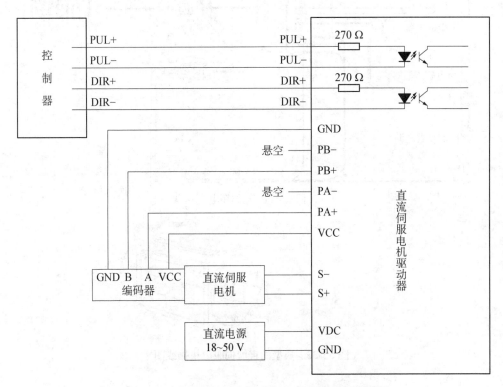

图 3 - 32   典型的直流伺服电机电气控制系统原理图

典型的直流伺服电机接线图如图 3 - 33 所示。

3.5.3   直流伺服电机的应用

直流伺服电机广泛应用于各类数字控制系统中的执行机构驱动和需要精确控制恒定转速或需要精确控制转速变化曲线的动力驱动。

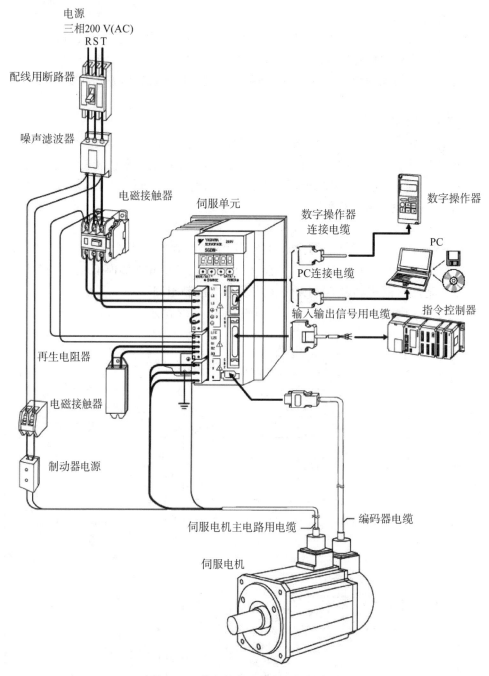

图 3-33　典型的直流伺服电机接线图

3.6　泵的电气控制

3.6.1　泵的电气控制原理

泵是输送液体或使液体增压的设备。按照工作原理,泵可以分为叶片泵、容积泵及其他类型(有射流泵、水锤泵、电磁泵等),如图 3-34 所示。叶片泵、容积泵和射流泵由电机控制其流量。

（a）叶片泵（离心式）　　　　　　（b）容积泵

（c）射流泵　　　　　　　　　（d）电磁泵

图 3-34　常用泵的类型

1）泵的启停控制

泵是由电机驱动的，因此它的启停控制与普通交流电机的控制方法相同。图 3-35 是普通电机控制的液压泵系统，其中泵的启停是通过继电器或接触器实现的。可以利用 PLC 或其他控制器发出控制信号，作为继电器或接触器的输入端，控制继电器或接触器的通断，从而实现泵的启停控制。

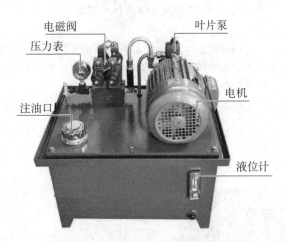

图 3-35　普通电机控制的液压泵系统

2）泵的伺服控制

在转速恒定的条件下，输出流量可变的称为变量泵，反之称为定量泵。常用液压泵的符号及含义见表 3-2。

表 3-2 常用液压泵的符号及含义

名称	符号		名称	符号	
液压泵	（图）	一般符号	单向变量液压泵	（图）	单向旋转,单向流动,变排量
单向定量液压泵	（图）	单向旋转,单向流动,定排量	双向变量液压泵	（图）	双向旋转,双向流动,变排量
双向定量液压泵	（图）	双向旋转,双向流动,定排量			

泵的流量有四种控制方法,包括出口阀开度调节、旁路阀调节、叶轮直径调整和调速控制四种,其特点见表 3-3。

表 3-3 泵流量的控制方法及特点

流量控制方法	特　　点	能耗
出口阀开度调节	泵与出口管路调节阀串联,它的实际效果如同采用了新的泵系统,泵的最大输出压头没有改变,但是流量曲线有所衰减	较高
旁路阀调节	阀门和泵并联,它的实际效果如同采用了新的泵系统,泵的最大输出压头发生改变,同时流量曲线特性也发生变化,流量曲线更接近线性	高
叶轮直径调整	不使用任何外部组件,流量特性曲线随直径变化而变化	较低
调速控制	调叶轮转速变化直接改变泵的流量曲线,曲线的特性不发生变化,转速降低时,曲线变扁平,压头和最大流量均减小	低

除了上述四种流量控制方式外,也可以采用伺服泵(图 3-36)实现流量调节。伺服泵的主要控制原理是根据不同的工况所需液压油的多少,供给不同流量的液压油,从而达到节能的目的。由于流量由伺服电机决定,因此泵的伺服控制是通过伺服电机的控制实现的。

图 3-36 伺服泵

3.6.2 泵的电气控制电路

泵的控制是通过电机控制实现的,因此泵的控制电路与普通电机的控制电路相同。

3.6.3 泵的应用

泵输送液体的种类繁多,包括水(清水、污水等)、油液、酸碱液、悬浮液和液态金属等。泵在化工、石油、农业、矿业和冶金工业、电力工业、船舶制造业和机床制造业等中得到广泛应用。

3.7 阀的电气控制

3.7.1 阀的电气控制原理

电磁阀是用电磁控制的工业控制器件,它是控制流体的自动化基础元件,属于执行器。电磁阀在工业控制系统中用于调整介质的方向、流量、速度和其他参数。电磁阀有很多种,不同的电磁阀在控制系统的不同位置发挥作用,最常用的是单向阀、安全阀、方向控制阀和速度调节阀等。普通电磁阀如图 3-37 所示。

图 3-37 普通电磁阀

电磁阀分为液压电磁阀和气动电磁阀两类,其图形符号见表 3-4、表 3-5。

表 3-4 常用液压电磁阀图形符号

电磁阀类别		图形符号	电磁阀类别		图形符号
两位两通	常闭		两位三通	工作位置	
	常开			过渡位置	

（续表）

电磁阀类别	图形符号	电磁阀类别	图形符号
两位四通		三位四通	A B … P T
两位五通			A B … P T
三位三通			A B … P T
三位五通	A B … T P T		A B … P T
	A B … T P T		A B … P T
三位六通			A B … P T
三位四通	A B … P T		A B … P T
	A B … P T		A B … P T
	A B … P T		A B … P T

表 3-5 常用气动电磁阀图形符号

电磁阀类别			图形符号	电磁阀类别		图形符号
两通电磁阀	直动式		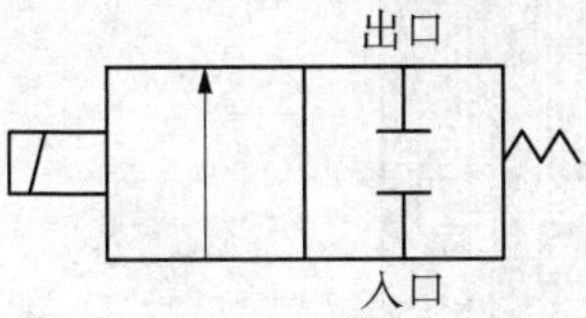 出口 入口	两位五通	单电控	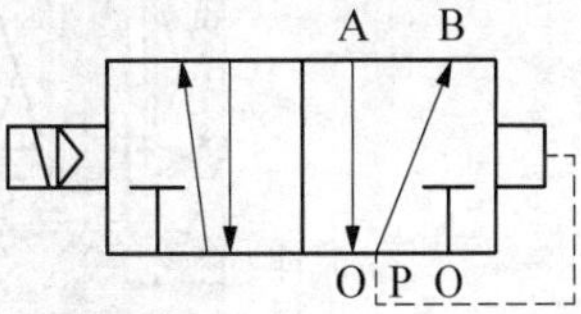 A B O P O
两通电磁阀	先导式		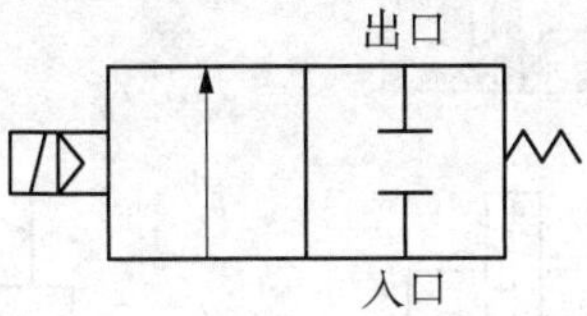 出口 入口	两位五通	双电控	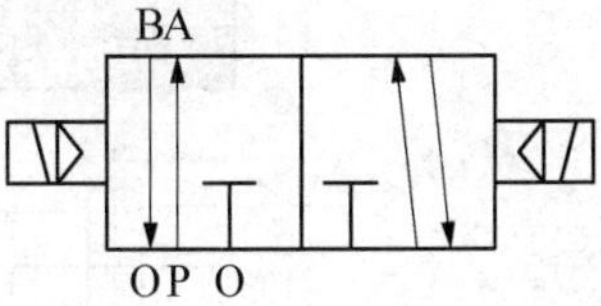 BA OP O
两位三通	单电控	常闭	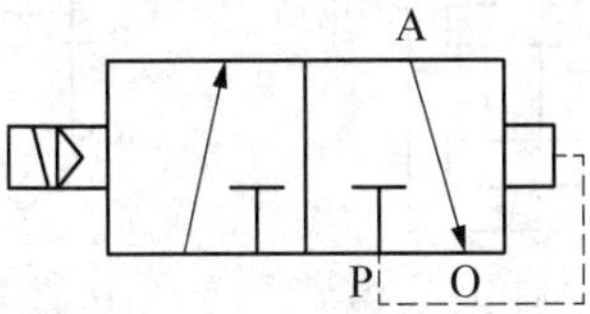 A P O	三位五通	加压型	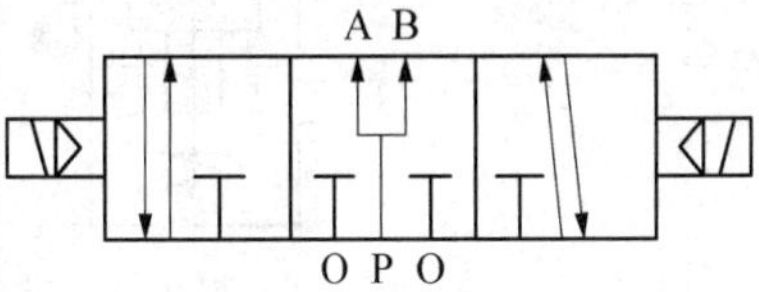 A B O P O
两位三通	单电控	常开	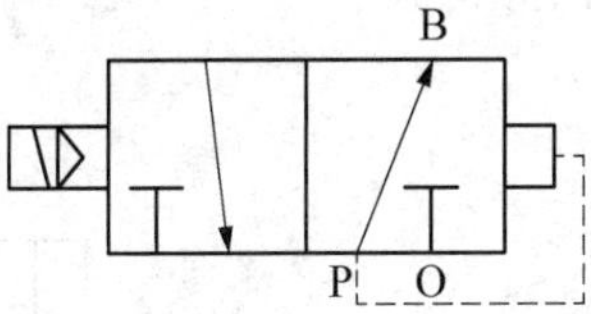 B P O	三位五通	排空型	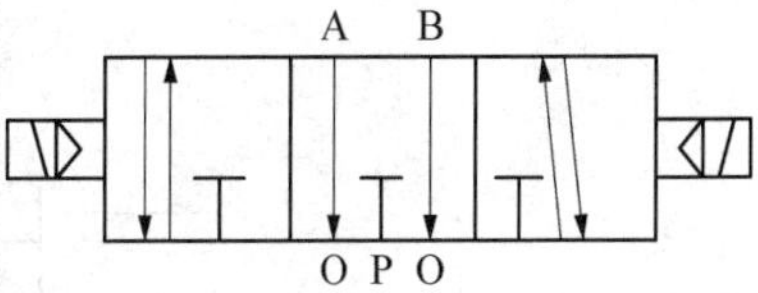 A B O P O
两位三通	双电控		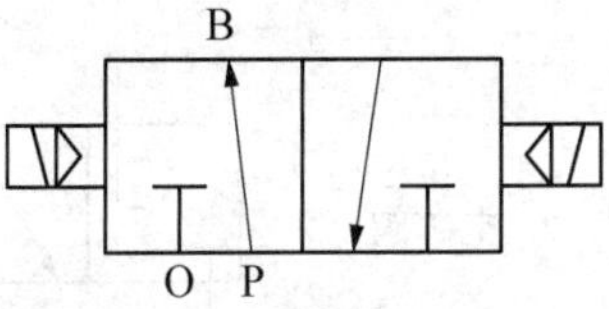 B O P	三位五通	封闭型	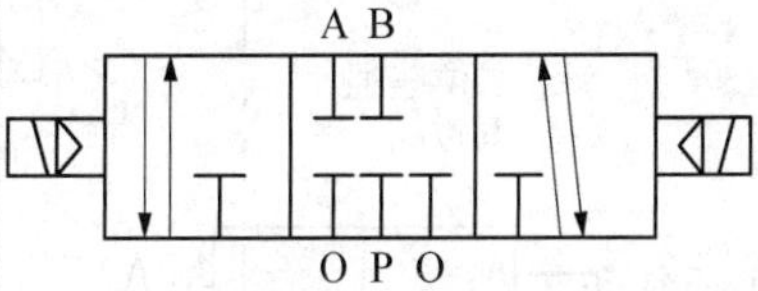 A B O P O
三位三通	封闭型		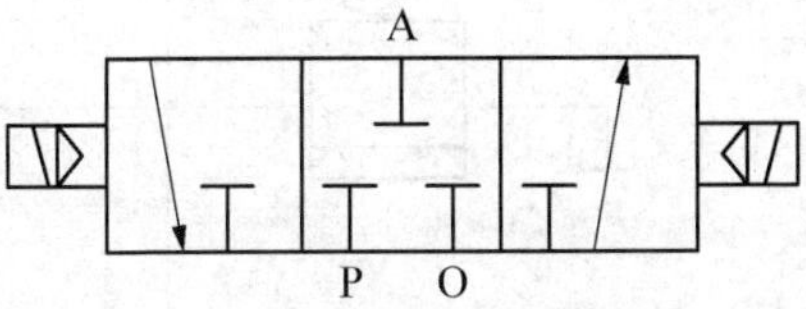 A P O			

电磁阀工作原理图如图 3-38 所示，当电磁线圈断电时，阀芯在弹簧力的作用下处于上端位置，流体入口被封住；当电磁阀通电时，阀芯在电磁铁磁力的吸引下克服弹簧力向下移动，流体入口与流体出口接通，此时电磁阀处于工作状态。

3.7.2 电磁阀的控制电路

1）普通电磁阀的通断控制

对于交流电磁阀，可以利用 PLC 和其他控制器给其控制端施加 220 V 或 380 V 的交流电，实现电磁阀的通断控制；对于直流电磁阀，可以利用 PLC 或其他控制器给直流电磁阀控制端施加 12 V 或 24 V 的直流电，实现通电控制。液压缸换向控制如图 3-39 所示。

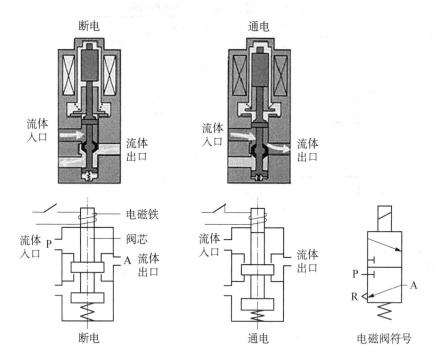

图 3‑38 电磁阀工作原理图

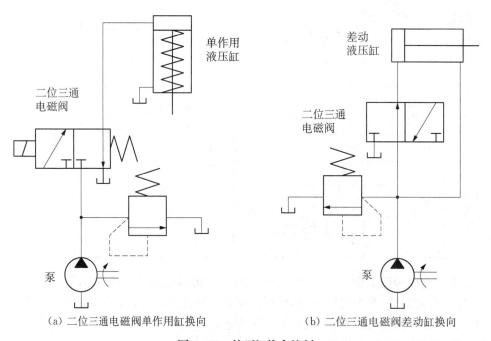

（a）二位三通电磁阀单作用缸换向　　　　　（b）二位三通电磁阀差动缸换向

图 3‑39 液压缸换向控制

电磁阀也可用于单作用气缸换向控制和双作用气缸换向控制，如图 3‑40、图 3‑41 所示。

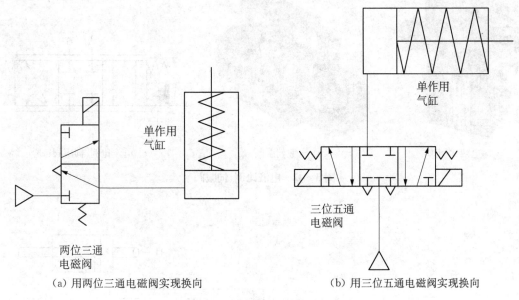

（a）用两位三通电磁阀实现换向　　　　　　　　　（b）用三位五通电磁阀实现换向

图 3 - 40　单作用气缸换向控制

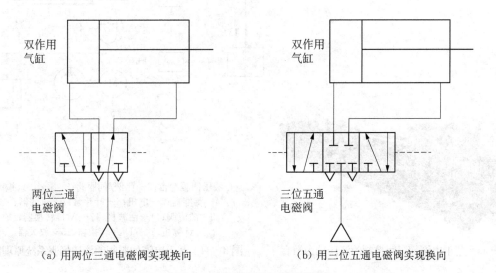

（a）用两位三通电磁阀实现换向　　　　　　　　　（b）用三位五通电磁阀实现换向

图 3 - 41　双作用气缸换向控制

2）比例/伺服阀的控制

可用于伺服控制的阀有伺服阀和比例阀，如图 3 - 42 所示。在伺服阀和比例阀接受模拟电气信号后，相应输出调制的流量和压力。它能够将小功率的微弱电气输入信号转换为大功率的液压能（流量和压力）输出。以接受 4～20 mA 的伺服阀为例，当电流由 4 mA 逐渐增大至 20 mA 时，伺服阀由通到断或由断到通；比例/伺服阀也可能由模拟电压控制，如 0～5 V 和 0～10 V，对应阀的流量为 0～V_{max}。

图 3 - 43 为一个基于电液伺服阀控制的液压动力滑台，基于电液伺服阀的液压伺服系统原理图如图 3 - 44 所示。

（a）电液比例阀

（b）电液伺服阀

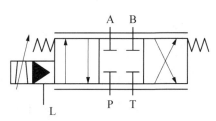

（c）电液比例/伺服阀符号

图 3-42　电液比例/伺服阀

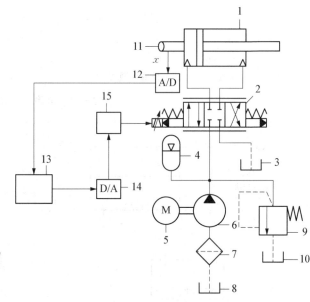

1—液压伺服滑台；2—比例/伺服阀；3、8、10—油箱；
4—蓄能器；5—电机；6—叶片泵；7—过滤器；
9—溢流阀；11—活塞杆；12—A/D 转换器；
13—计算机；14—D/A 转换器；15—放大器

图 3-43　基于电液伺服阀控制的液压动力滑台　　图 3-44　基于电液伺服阀的液压伺服系统原理图

　　图 3-45 为一个基于变量泵实现伺服控制的动力滑台，基于变量泵的电液比例/伺服控制系统原理图如图 3-46 所示。

图 3-45　基于变量泵实现伺服控制的动力滑台

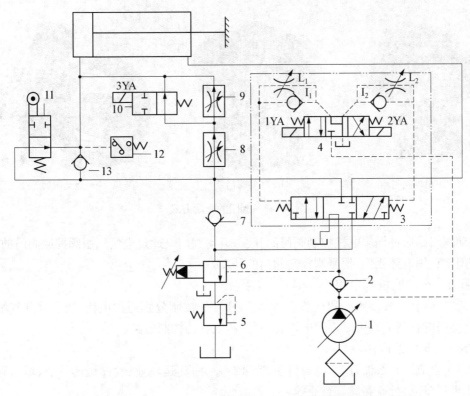

1—变量泵；2、7、13—单向阀；3—液动换向阀；4、10—电磁换向阀；5—背压阀；
6—液控顺序阀；8、9—调速阀；11—行程阀；12—压力继电器

图 3‑46　基于变量泵的电液比例/伺服控制系统原理图

3.7.3　比例/伺服阀的应用

1）普通阀的应用

电磁阀是依靠电磁力自动开关的基础器材，主要功能是控制物体的自动化，属于执行类元件，在工业控制系统中用于调控介质的方向、流量、速度及其他一些参数，广泛应用于各生产领域。

2）比例/伺服阀的应用

比例/伺服阀是在普通压力阀、流量阀和方向阀上，用比例电磁铁替代原有的控制部分，按输入的电气信号连续地、按比例地对油流的压力、流量或方向进行远距离控制。比例/伺服阀一般都具有压力补偿性能，输出压力和流量可以不受负载变化的影响。比例/伺服阀广泛应用于各生产领域。

3.8　阀门的电气控制

3.8.1　阀门的电气控制原理

阀门是用来开闭管路、控制流向、调节和控制输送介质（空气、水、蒸汽和各种腐蚀性介质）参数（温度、压力和流量）的管路附件。根据其功能，阀门可分为关断阀、止回阀和调节阀等。阀门的自动控制可以利用电动、气动和液压驱动来实现，如图 3‑47 所示。

（a）电动阀门

（b）气动阀门

（c）液动阀门

图 3-47　阀门的驱动方式

电动阀门是通过伺服电机控制阀门的开度；气动阀门是通过电气伺服阀控制阀门的开度；液动阀门是利用电液比例/伺服阀控制阀门的开度。

3.8.2　阀门的控制电路

对于电动阀门、液动阀门和气动阀门，阀门开度的控制分别通过电机、液压缸和气缸来实现，因此阀门的控制电路可以参照电机、液压缸和气缸的控制电路。

3.8.3　阀门的应用

阀门主要应用于石油行业、电力行业、冶金行业、海洋运输业、食品医药行业、城市建筑行业、城市供暖、环保行业和燃气行业等。

3.9　风机的电气控制

3.9.1　风机的电气控制原理

风机是依靠输入的机械能，提高气体压力并排送气体的机械，它是一种从动的流体机械。风机一般包括通风机、鼓风机和风力发电机，广泛用于工厂、矿井、隧道、冷却塔、车辆、船舶和建筑物的通风、排尘和冷却。按照流体传送原理，风机分为离心式、轴流式、横流式和斜流式四种，如图 3-48 所示。

（a）离心式风机

（b）轴流式风机

（c）横流式风机

（d）斜流式风机

图 3-48　风机类型

3.9.2　风机的控制电路

对于由三相电机驱动的风机，风机的流量可以通过变频器调节。典型的风机变频控制电路图如图 3-49 所示。

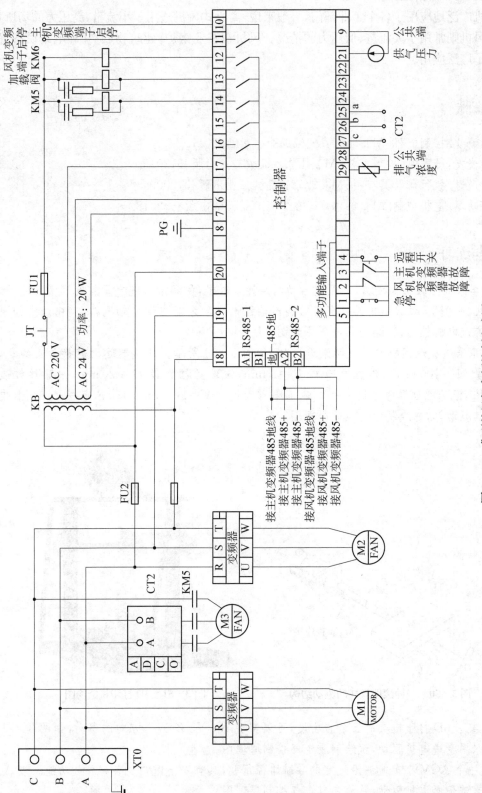

图 3 - 49 典型的风机变频控制电路图

3.9.3　风机的应用

风机广泛地应用于各个工业部门,一般来说,离心式风机适用于小流量、高压力的场所,而轴流式风机则常用于大流量、低压力的情况。风机在工业锅炉、建筑物、矿井和电站设备等场所得到了广泛应用。

参考文献

［1］杨渝钦.控制电机[M].北京：机械工业出版社,2011.
［2］李光友,孙雨萍.控制电机[M].北京：机械工业出版社,2015.
［3］付敬奇.执行器及其应用[M].北京：机械工业出版社,2009.
［4］高晗璎.电机控制[M].哈尔滨：哈尔滨工业大学出版社,2018.

思考与练习

1. 车床的主轴工作之前,必须先启动润滑油泵电机,使润滑系统有足够的润滑油之后,方能启动主轴电机。试设计电路：当启动润滑油泵电机后才能启动主轴电机,其中润滑油泵采用普通交流电机控制,试绘制其电气原理图。

2. 拟采用交流伺服电机驱动滚珠丝杠,如图 3-50 所示。将旋转运动转换为直线运动。负载质量 $M=100\,\mathrm{kg}$,滚珠丝杠节距 $P=5\,\mathrm{mm}$,滚珠丝杠直径 $D=20\,\mathrm{mm}$,滚珠丝杠质量 $M_\mathrm{B}=3\,\mathrm{kg}$,滚珠丝杠摩擦系数 $\mu=0.02$,负载移动速度 $V=200\,\mathrm{mm/s}$,试选定一交流伺服电机型号及其驱动器,并绘制电气控制原理图。

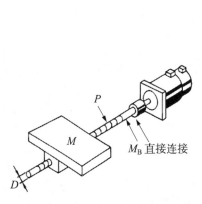

图 3-50　一种滚珠丝杠的驱动结构

图 3-51　3D 打印机结构图

3. 某一 3D 打印机具有三个自由度,可以实现 X、Y、Z 三个方向的移动,如图 3-51 所示。拟采用步进电机驱动,试绘制其电气控制原理图。

4. 一个 AGV 小车能够沿规定的导航路径行驶,具有安全保护及各种移载功能。该 AGV 拟采用直流伺服电机驱动,试绘制其电气控制原理图。

5. 试阐述图 3-52 所示伺服油泵液压控制系统的控制逻辑。

6. 一液压缸驱动的滑台如图 3-53 所示,拟采用液压伺服阀实现闭环控制。动力滑台电液伺服控制系统原理图如图 3-54 所示,试阐述该动力滑台电液伺服控制系统的工作原理。

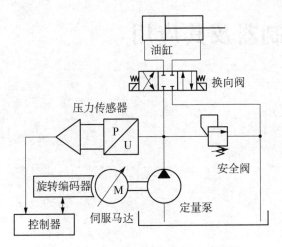

图 3-52 伺服油泵液压控制系统简图

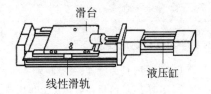

图 3-53 伺服滑台结构图

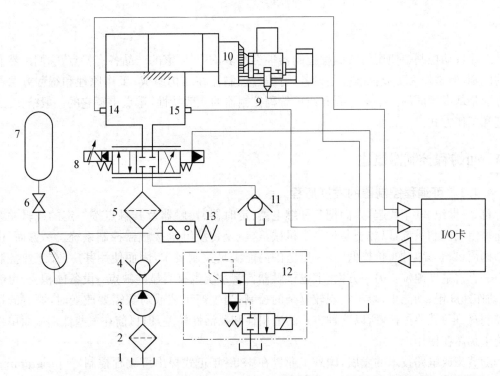

1—油箱;2—过滤器;3—定量齿轮泵;4、11—单向阀;5—精过滤器;6—截止阀;7—蓄能器;8—伺服阀;
9—光学尺;10—伺服滑台;12—电磁溢流阀;13—压力继电器;14、15—压力传感器

图 3-54 动力滑台电液伺服控制系统原理图

第4章

可编程控制器及其应用

◎ 学习成果达成要求

1. 了解 PLC 的特点、分类和发展史。
2. 了解 PLC 的硬件结构及工作原理。
3. 熟悉 PLC 的控制系统设计过程。
4. 熟悉常用 PLC,了解其他系列 PLC。
5. 熟悉 PLC 在工业中的应用并掌握其典型范例。

«««

工业自动控制中使用的可编程控制器种类很多,不同厂家的产品各有特点,它们虽然有一定的区别,但是作为工业标准控制设备,可编程控制器在结构组成、工作原理和编程方法等许多方面是基本相同的。本章主要介绍可编程控制器的一般特性,重点讲解它的一般结构、工作原理和工作方式。

4.1 可编程控制器概述

4.1.1 可编程控制器的发展历程

自 20 世纪 20 年代起,人们把各种继电器、定时器、接触器及其触点按一定的逻辑关系连接起来组成控制系统,以控制各种生产机械,这就是传统继电接触器控制系统。一方面,由于它结构简单、容易掌握、价格低,在一定范围内能满足控制要求,因而使用甚广,在工业控制领域中一直占主导地位。另一方面,继电接触器控制系统也有明显的缺点:设备体积大、可靠性差、动作速度慢、功能少,难于实现较复杂的控制;当生产工艺或对象需要改变时,原有的接线和控制盘(柜)就要更换,所以这种方式的通用性和灵活性较差,但目前在一些低端或简单控制系统中仍然在使用。

随着集成电路技术的发展,国外工业界在 1980 年正式提出可编程控制器(programmable logic controller, PLC)这一概念。多年来,以 16 位和 32 位微处理器构成的微机化 PLC 得到了快速发展,使 PLC 在概念、设计、性能价格比及应用等方面都有了新的突破。目前 PLC 不仅控制功能增强、功耗及体积减小、成本下降、可靠性提高、编程和故障检测更为灵活方便,远程 I/O、通信网络、数据处理及图像显示也有了长足的发展,所有这些已经使 PLC 应用于连续生产过程的控制系统。

4.1.2 PLC 的特点及其应用

1) PLC 的特点

现代工业生产过程复杂多样,它们对控制的要求也各不相同。PLC 一经出现就受到了广大工程技术人员的欢迎,主要原因如下:

(1) 抗干扰能力强、可靠性高。微机虽然具有很强的功能,但是抗干扰能力差,工业现场的电磁干扰、电源波动、机械振动、温度和湿度的变化,都可能使一般通用微机不能正常工作。而 PLC 在电子线路、机械结构及软件结构上都吸取了生产厂家长期积累的生产控制经验,主要模块均采用大规模与超大规模集成电路,I/O 系统设计有完善的通道保护与信号调理电路。在结构上对耐热、防潮、防尘、抗震等都有周到的考虑;在硬件上采用隔离、屏蔽、滤波、接地等抗干扰措施;在软件上采用数字滤波等抗干扰和故障诊断措施,这些措施使 PLC 具有较高的抗干扰能力。PLC 的平均无故障时间通常在几万小时以上,这是一般微机不能比拟的。

继电接触器控制系统虽然有较好的抗干扰能力,但是由于使用了大量的机械触点,使设备连线复杂,且触点在开闭时易受电弧的损害,寿命短、系统可靠性差。而 PLC 采用微电子技术,大量的开关动作由无触点的电子存储器件来完成,故寿命长、可靠性大大提高。

(2) 控制系统结构简单、通用性强。PLC 及外围模块品种多,可由各种组件灵活组合成各种大小和不同要求的控制系统。在 PLC 构成的控制系统中,只需在 PLC 的端子上接入相应的输入/输出信号线即可,不需要诸如继电器之类的物理电子器件和大量而又繁杂的硬件接线线路。当控制系统要求改变、需要变更控制系统的功能时,用编程器在线或离线修改程序,即可实现。

(3) 编程方便、易于使用。PLC 是面向用户的设备,PLC 的设计者充分考虑现场工程技术人员的技能和习惯,PLC 程序的编制采用梯形图或面向工业控制的简单指令形式。梯形图与继电器原理图相类似,这种编程语言形象直观、容易掌握,不需要专门的计算机知识和语言。

(4) 功能完善。PLC 的输入/输出系统功能完善,性能可靠,能够适应各种形式和性质的开关量和模拟量的输入/输出。在 PLC 内部具备许多控制功能,诸如时序、计算器、主控继电器、移位寄存器及中间寄存器等。由于采用了微处理器,PLC 能够很方便地实现延时、锁存、比较、跳转和强制 I/O 等诸多功能,不仅具有逻辑运算、算术运算、数制转换及顺序控制功能,还具备模拟运算、显示、监控、打印及报表生成功能。此外,它还能实现成组数据传送、排序与查表、函数运算及快速中断等功能。因此,PLC 具有极强的适应性,能够很好地满足各种类型控制的需要。

(5) 控制系统设计、施工、调试周期短。用继电接触器完成一项控制任务,必须首先按工艺要求画出电气原理图,然后画出继电接触器屏(柜)的布置和接线图等,进行安装调试,以后修改起来十分不便。而采用 PLC 控制,由于其硬件、软件齐全,为模块化积木式结构,故仅须按性能、容量(输入/输出点数、内存大小)等选用组装。由于 PLC 用软件编程取代了硬件接线实现控制功能,大大减轻了繁重的安装接线工作,缩短了施工周期。另外,PLC 是通过程序完成控制任务的,采用了方便用户的工业编程语言,且都具有强制和仿真的功能,故程序的设计、修改和调试都很方便,这样可大大缩短设计和投运周期。

(6) 体积小、维护操作方便。PLC 体积小、质量轻、便于安装。PLC 的输入/输出系统能够直观地反映现场信号的变化状态,还能通过各种方式直观地反映控制系统的运行状态,非常有利于运行和维护人员对系统进行监视。

2）PLC 的应用

目前 PLC 在国内外已广泛应用于钢铁、采矿、水泥、石油、化工、电力、机械制造、汽车、装卸、造纸、纺织和环保等行业。

PLC 的应用范围通常可分成以下五种类型：

（1）顺序控制。这是 PLC 应用最广泛的领域，也是最适合 PLC 使用的领域。它用来取代传统的继电器顺序控制。PLC 应用于单机控制、多机群控、生产自动线控制等。

（2）运动控制。PLC 制造商目前已提供了驱动步进电机或伺服电机的单轴或多轴位置控制模块，在多数情况下，PLC 把描述目标位置的数据送给模块，其输出移动一轴或数轴到目标位置。每个轴移动时，位置控制模块保持适当的速度和加速度，确保运动平滑。

（3）过程控制。PLC 还能控制大量的过程参数，例如温度、流量、压力、液位和速度。PID模块提供了使 PLC 具有闭环控制的功能，即一个具有 PID 控制能力的 PLC 可用于过程控制。

（4）数据处理。在机械加工中，PLC 作为主要的控制和管理系统用于 CNC 和 NC 系统中，可以完成大量的数据处理工作。

（5）通信网络。PLC 的通信包括主机与远程 I/O 之间的通信、多台 PLC 之间的通信、PLC 和其他智能控制设备（如计算机、变频器、数控装置）之间的通信。PLC 与其他智能控制设备一起，可以组成"集中管理、分散控制"的分布式控制系统。

4.1.3　PLC 的技术性能指标

PLC 的技术性能指标主要有以下几个方面：

（1）输入/输出点数。PLC 的 I/O 点数指外部输入、输出端子数量的总和，它是描述 PLC大小的一个重要的参量。

（2）存储容量。PLC 的存储器由系统程序存储器、用户程序存储器和数据存储器三部分组成。PLC 存储容量通常指用户程序存储器和数据存储器容量之和，表征系统提供给用户的可用资源，是系统性能的一项重要技术指标。

（3）扫描速度。PLC 采用循环扫描方式工作，完成一次扫描所需的时间叫作扫描周期。影响扫描速度的主要因素有用户程序的长度和 PLC 产品的类型。PLC 中 CPU 的类型、机器字长等直接影响 PLC 运算精度和运行速度。

（4）指令系统。指 PLC 所有指令的总和。编程指令越多，软件功能就越强，但掌握其应用也相对较复杂，用户应根据实际控制要求选择适合指令功能的 PLC。

（5）通信功能。通信有 PLC 之间的通信和 PLC 与其他设备之间的通信。通信主要涉及通信模块、通信接口、通信协议和通信指令等内容。PLC 的组网和通信能力也已成为 PLC 产品水平的重要衡量指标之一。

4.2　PLC 的硬件结构

4.2.1　中央处理器

图 4-1a 为一种典型的 PLC，图 4-1b 为其典型结构框图。PLC 的中央处理器（central processing unit, CPU）一般由控制器、运算器和寄存器组成，这些电路都集成在一个芯片内。CPU 通过数据总线、地址总线和控制总线与存储单元、输入/输出接口电路相连接。CPU 是PLC 的核心，它按 PLC 中系统程序赋予的功能"指挥"PLC 有条不紊地进行工作。用户程序和数据事先存入存储器中，当 PLC 处于运行方式时，CPU 按循环扫描方式执行用户程序。

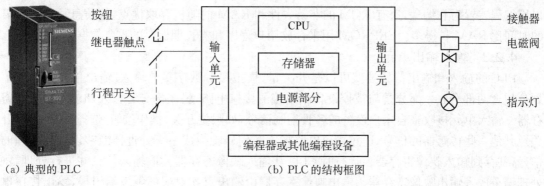

（a）典型的 PLC　　　　　　　　　　（b）PLC 的结构框图

图 4 - 1　PLC 结构

　　CPU 的主要任务是控制用户程序和数据的接收与存储；用扫描的方式通过 I/O 部件接收现场信号的状态或数据，并存入输入映像寄存器或数据存储器中；诊断 PLC 内部电路的工作故障和编程中的语法错误等；PLC 进入运行状态后，从存储器逐条读取用户指令，经过命令解释后按指令规定的任务进行数据传送、逻辑或算术运算等；根据运算结果，更新有关标识位的状态和输出映像寄存器的内容，再经输出部件实现输出控制、制表打印或数据通信等功能。

4.2.2　存储器

　　1）PLC 存储器分类

　　PLC 的存储器包括系统存储器和用户存储器两部分。

　　（1）系统存储器。其用来存放由 PLC 生产厂家编写的系统程序，并固化在只读存储器（ROM）内，用户不能直接更改。它使 PLC 具有基本的功能，能够完成 PLC 设计者规定的各项工作。系统程序主要包括三部分：第一部分为系统管理程序，它主要控制 PLC 的运行，使整个 PLC 按部就班地工作；第二部分为用户指令解释程序，通过用户指令解释程序，将 PLC 的编程语言变为机器语言指令，再由 CPU 执行这些指令；第三部分为标准程序模块与系统调用，它包括许多不同功能的子程序及其调用管理程序，如完成输入、输出及特殊运算等的子程序，这部分程序的多少也决定了 PLC 性能的高低。

　　（2）用户存储器。其包括用户程序存储器（程序区）和用户数据存储器（数据区）两部分。用户程序存储器用来存放用户针对具体控制任务用规定的 PLC 编程语言编写的各种用户程序。用户程序存储器根据所选用存储器单元类型的不同，可以是 RAM、E2PROM 或 EEPROM 存储器，其内容可以由用户修改或增删。用户数据存储器可以用来存放（记忆）用户程序中所使用器件的 ON/OFF 状态和数值、数据等，它的大小关系到用户程序容量的大小，是反映 PLC 性能的重要指标之一。

　　2）PLC 存储器类型

　　PLC 中的存储器类型有以下三种：

　　（1）随机存取存储器（RAM）。用户可以用编程装置读出 RAM 中的内容，也可以将用户程序写入 RAM，因此 RAM 又称读/写存储器。RAM 是易失性的存储器，在电源断开后存储的信息将会丢失。RAM 的工作速度高、价格便宜、改写方便。在关断 PLC 的外部电源后，可用锂电池保存 RAM 中的用户程序和某些数据。

　　（2）只读存储器（ROM）。ROM 的内容只能读出不能写入，它是非易失的，断电后仍能保存存储的内容。ROM 一般用来存放 PLC 的系统程序。

（3）可电擦除可编程的只读存储器（EEPROM 或 E2PROM）。它是非易失性的，但是可以用编程装置对它编程，兼有 ROM 的非易失性和 RAM 的随机存取优点，将信息写入它所需的时间比 RAM 长得多。EEPROM 用来存放用户程序和需长期保存的重要数据。

4.2.3　输入输出单元

PLC 的输入和输出信号类型可以是开关量、模拟量和数字量。输入/输出单元从广义上划分包含两部分：一部分是与被控设备相连接的接口电路，另一部分是输入和输出的映像寄存器。输入单元接收来自用户设备的各种控制信号，如限位开关、操作按钮、选择开关、行程开关及其他一些传感器的信号，通过接口电路将这些信号转换成中央处理器能够识别和处理的信号，并存到输入映像寄存器。运行时 CPU 从输入映像寄存器读取输入信息并进行处理，将处理结果放入输出映像寄存器。输出映像寄存器由输出点相对应的触发器组成，输出接口电路将其由弱电控制信号转换成现场需要的强电信号输出，以驱动电磁阀、接触器、指示灯等被控对象的执行元件。

1）输入接口电路

为防止各种干扰信号和高电压信号进入 PLC，影响其可靠性或造成设备损坏，现场输入接口电路一般由光电耦合电路进行隔离。光电耦合电路的关键器件是光耦合器，一般由发光二极管和光电三极管组成。通常 PLC 的输入类型可以是直流电和交流电，输入电路的电源也可由外部供给。

2）输出接口电路

输出接口电路通常有三种类型：继电器输出型、晶体管输出型和晶闸管输出型。每种输出电路都采用电气隔离技术，电源由外部提供。输出电流的额定值与负载的性质有关，输出电流一般为 $0.5\sim4.2\,A$。为使 PLC 避免受瞬间大电流的作用而损坏，输出端外部接线必须采用保护措施：一是输入和输出公共端接熔断器；二是采用保护电路。对交流感性负载，一般用阻容吸收回路，对直流感性负载用续流二极管。

由于输入端和输出端靠光信号耦合，在电气上是完全隔离的，输出端的信号不会反馈到输入端，也不会产生地线干扰或其他串扰，因此 PLC 具有很高的可靠性和极强的抗干扰能力。

4.2.4　通信接口

为了实现"人-机"或"机-机"之间的对话，PLC 配有多种通信接口。PLC 通过这些通信接口可以与监视器、打印机和其他的 PLC 或计算机相连。

当 PLC 与打印机相连时，可将过程信息、系统参数等输出打印；当与监视器（CRT）相连时，可将过程图像显示出来；当与其他 PLC 相连时，可以组成多机系统或联成网络，实现更大规模的控制；与计算机相连时，可以组成多级控制系统，实现控制与管理相结合的综合控制。

4.2.5　外围设备

现代 PLC 的一个显著特点就是具有通信功能，目前主流的 PLC 一般都具有 RS-485（或RS-232）通信接口，以便连接监视器、编程设备、打印机、EPROM/EEPROM 写入器等外围设备，或者连接诸如变频器、温控仪等控制设备，进行简单的主从式通信，实现"人-机"或"机-机"之间的对话。一些 PLC 上还具有工业网络通信接口，可与其他 PLC 或计算机相连，组成分布式工业控制系统，实现更大规模的控制，另外还可以与数据库软件相结合，实现控制与管理相结合的综合控制。

编程器是 PLC 最主要的一种外围设备，其作用是供用户进行程序的编制、编辑、调试和监控程序的执行。编程器有简易型和智能型两类,简易型的编程器只能联机编程,且往往需要将梯形图转化为机器语言助记符(指令表)后才能输入。智能型的编程器又称图形编程器,它可以联机编程,也可以脱机编程,具有 LCD 或 CRT 图形显示功能,可以直接输入梯形图和通过屏幕对话。

还可以利用微机(如 IBM - PC)作为编程器,PLC 生产厂家配有相应的软件包,使用微机编程是 PLC 发展的趋势。现在也有些 PLC 不再提供编程器,而只提供微机编程软件,并且配有相应的通信连接电线。

4.2.6　电源

PLC 一般使用 220 V 的交流电源,内部的开关电源为 PLC 的中央处理器、存储器等电路提供 5 V、12 V、24 V 等直流电源,使 PLC 能正常工作。

电源部件的位置形式可有多种,对于整体式结构的 PLC,通常将电源封装到机壳内部;对于模块式 PLC,有的采用单独电源模块,有的则将电源与 CPU 封装到一个模块中。

此外,有些 PLC 还配有 EPROM 写入器、存储器卡等其他外部设备。

4.3　PLC 的软件构成

控制过程是通过在 RUN 方式下使主机循环扫描并连续执行用户程序来实现的,用户程序决定了一个控制系统的功能。程序的编制可以使用编程软件在计算机或其他专用编程设备中进行(如图形输入设备),也可使用手编器。

1) 系统程序

系统程序是控制 PLC 实现各种功能的程序,由 PLC 生产厂家编写。系统程序是 PLC 赖以工作的基础,采用汇编语言编写,在 PLC 出厂时就已固化于 ROM 型系统程序存储器中,用户不能访问。系统程序分为系统监控程序和解释程序:系统监控程序用于监视并控制 PLC 的工作,如诊断 PLC 系统工作是否正常,对 PLC 各模块的工作进行控制,与外设交换信息,根据用户的设定使 PLC 处于编制用户程序状态或处于运行用户程序状态等;解释程序用于把用户程序解释成微处理器能够执行的程序。

2) 用户程序

用户程序在存储器空间中也称为组织块,它处于最高层次,可以管理其他程序块,它是用各种语言(如 STL、LAD 或 FBD 等)编写的用户程序。不同机型的 CPU 其程序空间容量也不同。用户程序的结构比较简单,一个完整的用户控制程序应当包含一个主程序、若干子程序和若干中断程序三大部分。不同编程设备对各程序块的安排方法也不同。

PLC 的程序结构示意图如图 4 - 2 所示。

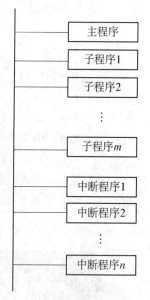

图 4 - 2　PLC 的程序结构示意图

4.4　PLC 分类

随着微电子技术、计算机技术、通信技术、容错控制技术和数字控制技术的飞速发展,PLC 的数量、型号、品种以异乎寻常的速度发展。PLC 分类一般按以下原则来考虑。

4.4.1　按控制规模分类

PLC 的容量主要是指 PLC 的输入/输出(I/O)点数。一般而言,处理的 I/O 点数比较多时,则控制关系也比较复杂,用户要求的程序存储器容量比较大,要求 PLC 指令及其他功能比较多,指令执行的过程也比较快等。按 PLC 的输入、输出点数的多少,可将 PLC 分为小型 PLC、中型 PLC、大型 PLC 三类。

1) 小型 PLC

小型 PLC(图 4 - 3)的 I/O 总点数在 256 点以下,有的将 64 点及 64 点以下的称为微型 PLC。小型 PLC 的功能一般以开关量控制为主,小型 PLC 输入、输出总点数一般在 256 点以下,用户程序存储器容量在 4 K 字节左右。现在的高性能小型 PLC 还具有一定的通信能力和少量的模拟量处理能力。这类 PLC 的特点是价格低廉、体积小巧,适合于控制单台设备和开发机电一体化产品。典型的小型 PLC 有西门子(SIEMENS)公司的 S7 - 200 系列、欧姆龙(OMRON)公司的 CPM2A 系列等整体式 PLC 产品。

图 4 - 3　小型 PLC

2) 中型 PLC

中型 PLC(图 4 - 4)的 I/O 总点数在 256～2 048 点之间。中型 PLC 的输入、输出总点数在 256～2 048 点之间,用户程序存储器容量达到 8 K 字节左右。中型 PLC 不仅具有开关量和模拟量的控制功能,还具有更强的数字计算能力。它的通信功能和模拟量处理能力更强大。中型 PLC 的指令比小型 PLC 更丰富,中型 PLC 适用于复杂的逻辑控制系统及连续生产线的过程控制场合。中型 PLC 有西门子公司的 S7 - 300 系列、欧姆龙公司的 C200H 系列、AB 公司的 SLC500 系列等模块式 PLC 产品。

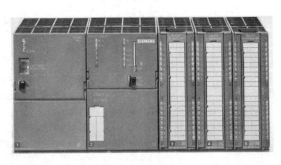

图 4 - 4　中型 PLC　　　　　　　　　图 4 - 5　大型 PLC

3）大型 PLC

大型 PLC（图 4-5）的 I/O 总点数在 2048 点以上。大型 PLC 的输入、输出总点数在 2048 点以上，用户程序存储器容量达到 16 K 字节以上。大型 PLC 的性能已经与工业控制计算机相当，它具有计算、控制和调节的功能，还具有强大的网络结构和通信联网能力，有些 PLC 还具有冗余能力。大型 PLC 配备多种智能板，构成一台多功能系统。这种系统还可以和其他型号的控制器互连，和上位机相连，组成一个集中分散的生产过程和产品质量控制系统。大型 PLC 适用于设备自动化控制、过程自动化控制和过程监控系统。典型的大型 PLC 有 SIEMENS 公司的 S7-400、AB 公司的 SLC5/05 等系列产品。

以上划分没有一个十分严格的界限。随着 PLC 技术的飞速发展，某些小型 PLC 也具有中型 PLC 或大型 PLC 的功能，这也是 PLC 的发展趋势。

4.4.2 按结构分类

按结构形式的不同，PLC 主要可分为箱体式和模块式两类。

1）箱体式结构

箱体式结构（又称为整体式结构）PLC 如图 4-6 所示箱体式结构。它的特点是将 PLC 的基本部件如 CPU 板、输入板、输出板和电源板等，很紧凑地安装构成一个整体，组成 PLC 的一个基本单元（主机）或扩展单元。基本单元上设有扩展端子，通过电缆与扩展单元相连，以构成 PLC 不同的配置。箱体式结构 PLC 体积小、成本低、安装方便。微型 PLC 采用这种结构形式的比较多。

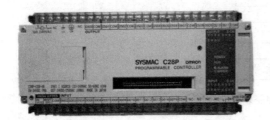 

图 4-6　箱体式结构 PLC　　　　图 4-7　模块式结构 PLC

2）模块式结构

模块式结构 PLC 由一些标准模块单元构成，如图 4-7 所示。这些标准模块如 CPU 模块、输入模块、输出模块和电源模块等，插在框架上或基板上即可组装而成各种 PLC。各模块功能是独立的，外形尺寸是统一的，插入什么模块可根据需要灵活配置。目前，中型 PLC、大型 PLC 和一些小型 PLC 多采用这种结构形式。

4.5　基于 PLC 的控制系统设计

在设计一个较大的 PLC 控制系统时，要考虑许多因素。PLC 控制系统设计步骤如图 4-8 所示。

PLC 控制系统设计主要包括三个方面：确定控制对象类型及数量、控制系统硬件系统的设计及控制系统应用程序的设计。

4.5.1 确定控制对象类型及数量

PLC 控制系统有单机控制、集中控制、远程 I/O 控制与分布式 PLC 控制系统四种基本类

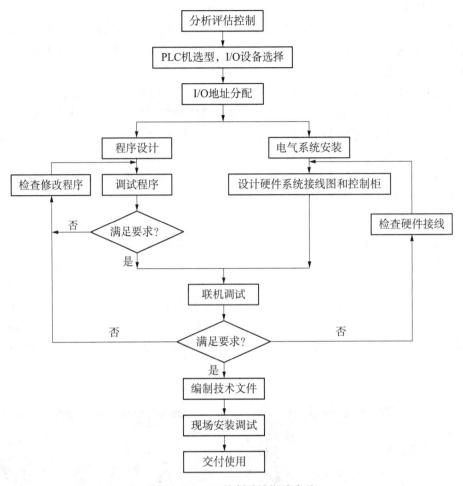

图 4-8 PLC 控制系统设计步骤

型,分别介绍如下:

(1) 单机控制。指一个控制对象(设备、简单生产线等)采用一台 PLC 进行控制的情况。适用于控制对象单一、设备的各控制部分相对集中、控制对象与其他设备间无协同控制要求的场合。

(2) 集中控制。指利用一台 PLC 控制多个控制对象(如数台设备、生产线等)的情况,适用于控制对象相对集中、单台设备的动作较简单、对象动作间有协同控制要求的多个对象控制的场合。

(3) 远程 I/O 控制系统。指由一台 PLC 控制多个控制对象,并且使用远程 I/O 模块的系统。适用于设备体积较大,控制对象相对分散,但对象动作间有协同控制要求的场合。

(4) 分布式 PLC 控制系统。指一种以 PLC 为主体构成的网络控制系统。系统的一个(或相对集中的数个)控制对象由一台独立的 PLC 进行控制,构成相对独立的单机(或集中控制)控制单元;各单元 PLC 之间通过网络总线连接,组成生产现场控制网,并由上位机进行统一调度与管理。分布式 PLC 控制系统适用于柔性加工系统(FMS)、车间自动化系统、大型生产线和装配流水线等,是目前 PLC 应用领域的高级阶段。

随着 PLC 功能的不断提高和完善,PLC 几乎可以完成工业控制领域的所有任务。在接到一个控制任务后,要分析被控对象的控制过程和要求,分析用什么控制装备(PLC、单片机、DCS 或 IPC)来完成该任务最合适[1]。比如,仪器及仪表装置、家电的控制器就要用单片机来做;大型的过程控制系统大部分要用 DCS 来完成。

4.5.2　控制系统硬件系统的设计

控制系统硬件系统的设计主要包括 PLC 机选型、外围线路的设计、电气线路的设计和抗干扰措施的设计等。

下面以双恒压无塔供水控制系统设计为例,简单介绍控制系统硬件系统中 PLC 机型配置选择。生活消防双恒压供水系统工艺流程如图 4-9 所示,市网来水用高低水位控制器 EQ 来控制注水阀 YV1,它们自动把水注满储水水池,只要水位低于高水位,则自动往水箱中注水。水池的高/低水位信号也直接送给 PC,作为低水位报警用。为了保证供水的连续性,水位上下限传感器高低距离相差不是很大。生活用水和消防用水共用三台泵,平时电磁阀 YV2 处于失电状态,关闭消防管网,三台泵根据生活用水的多少,按一定的控制逻辑运行,使生活供水在恒压状态(生活用水低于恒压值)下进行;当有火灾发生时,电磁阀 YV2 得电,关闭生活用水管网,三台泵供消防用水使用,并根据用水量的大小,使消防供水也在恒压状态(消防用水高于恒压值)下进行。火灾结束后,三台泵再为生活供水使用。

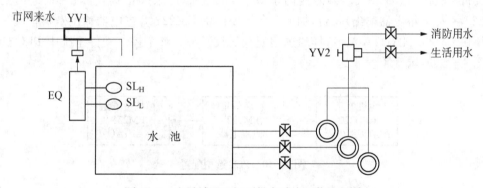

图 4-9　生活消防双恒压供水系统工艺流程图

控制系统输入/输出信号的名称、代码和地址编号见表 4-1。水位上下限信号分别为 I0.1、I0.2,它们在水淹没时为 0、露出时为 1。

表 4-1　控制系统输入/输出信号的名称、代码和地址编号

名称	代码	地址编号	名称	代码	地址编号
输入信号					
手动和自动消防信号	SA1	I0.0	消铃按钮	SB9	I0.4
水池水位下限信号	SLL	I0.1	试灯按钮	SB10	I0.5
水池水位上限信号	SLH	I0.2	远程压力表模拟量电压值	Up	AIW0
变频器报警信号	SU	I0.3			

---

[1] DCS—distributed control system,分布式控制系统;IPC—industrial personal computer,工业个人计算机。

（续表）

名称	代码	地址编号	名称	代码	地址编号
输出信号					
1#泵工频运行接触器及指示灯	KM1，HL1	Q0.0	水池水位下限报警指示灯	HL7	Q1.1
1#泵变频运行接触器及指示灯	KM2，HL2	Q0.1	变频器故障报警指示灯	HL8	Q1.2
2#泵工频运行接触器及指示灯	KM3，HL3	Q0.2	火灾报警指示灯	HL9	Q1.3
2#泵变频运行接触器及指示灯	KM4，HL4	Q0.3	报警电铃	HA	Q1.4
3#泵工频运行接触器及指示灯	KM5，HL5	Q0.4	变频器频率复位控制	KA(EMG)	Q1.5
3#泵变频运行接触器及指示灯	KM6，HL6	Q0.5	控制变频器功率电压信号	Vf	AQW0
生活/消防供水转换电磁阀	YV2	Q1.0			

从表 4-1 的分析可以知道，系统共包括：开关量输入点 6 个、开关量输出点 12 个；模拟量输入点 1 个、模拟量输出点 1 个。选用 CPU224PLC 机型需要扩展单元，选用 CPU226PLC 机型则其价格较高，浪费较大。参照西门子 S7-200 产品目录及市场实际价格，选用主机为 CPU222（8 入/6 继电器输出）一台，加上一台扩展模块 EM222（8 继电器输出），再扩展一个模拟量模块 EM235（4AI/1AO），这样的选型配置比较经济。整个控制硬件系统中 PLC 选型配置如图 4-10 所示。

图 4-10 PLC 选型配置

4.5.3 控制系统应用程序的设计

控制系统应用程序的设计主要指编制 PLC 控制程序。控制程序设计的难易程度因控制任务而异，也因人而异。对经验丰富的工程技术人员来说，在长时间的专业工作中，积累了许多经验，除了一般的编程方法外，更有自己的编程技巧和方法。

在程序设计时，除 I/O 地址列表外，有时还要把在程序中用到的中间继电器（M）、定时器（T）、计数器（C）和存储单元（V），以及它们的作用或功能列出，以便编写程序和阅读程序时使用。

在编程语言的选择上，用梯形图编程还是用语句表编程或使用功能图编程，主要取决于以下几点：

（1）有些 PLC 使用梯形图编程不是很方便（如书写不便），则可用语句表编程，但梯形图编程比语句表编程更直观。

（2）经验丰富的人员可直接用语句表编程，就像使用汇编语言一样。

（3）如果是清晰的单顺序、选择顺序或并发顺序的控制任务，则最好是使用功能图编程来设计程序。

4.6 西门子 PLC 及其应用

4.6.1 西门子 PLC 硬件系统

西门子的 PLC 型号很多,结构大同小异,包括一个中央处理单元(CPU)、存储器、输入/输出(I/O)接口、编程器、电源、扩展接口、通信接口和智能接口等。

4.6.1.1 西门子 PLC 系列产品类型和技术性能

西门子 PLC 主要有 SIMATICS5、S7、M7 和 C7 等系列产品。S7 系列产品包括 LOGO、S7-200、S7-300、S7-400、S7-1200、S7-1500 等,如图 4-11 所示。

(a) 西门子 S7-300   (b) 西门子 S7-400

(c) 西门子 S7-1200   (d) 西门子 S7-1500

图 4-11 西门子常用 PLC 类型

S7-200 是超小型化 PLC,易于安装、节省成本,适用于各个行业、各种场合的自动检测、监测及控制等。

S7-300 是模块化小型 PLC 系统,能满足中等性能要求的应用。采用模块化结构,指令运算速度更快,内置智能化的故障诊断系统,监控系统的运行情况,记录故障信息。

S7-400 是用于中、高档性能范围的 PLC,在实际中使用相对较少。其 CPU 功能与 S7-300 系列相似,具有处理高速指令、用户友好的设置参数、自诊断、用户友好的操作员控制和监视功能(HMI)、口令保护和模式选择开关功能等。

S7-1200 设计紧凑,能够完成逻辑控制、运动控制、过程控制和网络通信等任务。它是单机小型自动化工作站系列的首选,特别适用于需要网络通信工程和 HMI 的自动化系统,设计方便、实施简单。

S7-1500 具有更快的信号处理速度,从而极大地缩短了响应时间、提高了企业的生产效率。无论是小型设备,还是对速度和准确性要求较高的大型设备,S7-1500 都适用。

4.6.1.2　西门子 PLC 系列主控单元和扩展单元

1) 主控单元

S7-200 实物如图 4-12 所示。S7-200 产品控制器，其微处理器、集成电源、输入电路和输出电路集成在一个紧凑的外壳之中，从而形成了一个功能强大的 MicroPLCS7-200。

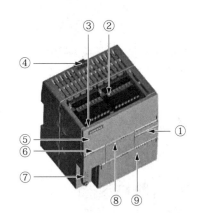

① I/O 的 LED

② 端子连接器

③ 以太网通信端口

④ 用于在标准导轨上安装的夹片

⑤ 以太网状态 LED(保护盖下方): LINK, RX/TX

⑥ 状态 LED: RUN、STOP 和 ERROR

⑦ RS-485 通信端口

⑧ 可选信号板

（仅限标准型）

⑨ 存储卡读卡器(保护盖下方)

（仅限标准型）

图 4-12　S7-200 实物图

2) 扩展单元

为更好地满足应用需求，S7-200SMART 系列包括诸多扩展模块、信号板和通信模块。可将这些扩展模块与标准 CPU 型号（SR20、ST20、SR30、ST30、SR40、ST40、SR60 或 ST60）搭配使用，为 CPU 增加附加功能。扩展模块及其类型见表 4-2。

表 4-2　扩展模块及其类型

类型	仅输入	仅输出	输入/输出组合	其他
数字扩展模块	8 个直流输入 16 个直流输入	8 个直流输出 8 个继电器输出 16 个继电器输出 16 个直流输出	8 个直流输入/8 个直流输出 8 个直流输入/8 个继电器输出 16 个直流输入/16 个直流输出 16 个直流输入/16 个继电器输出	
模拟量扩展模块	4 个模拟量输入 8 个模拟量输入 2 个 RTD* 输入 4 个 RTD 输入 4 个热电偶输入	2 个模拟量输出 4 个模拟量输出	4 个模拟量输入/2 个模拟量输出 2 个模拟量输入/1 个模拟量输出	
信号板	1 个模拟量输入	1 个模拟量输出	2 个直流输入/2 个直流输出	RS-485/RS-232 电池板

* RTD—resistance temperature detector,阻抗温度探测。

4.6.1.3 西门子 PLC 内部结构与配置

PLC 硬件主要由 CPU 模块、输入模块、输出模块和外设接口四部分组成，PLC 结构如图 4 - 13 所示。

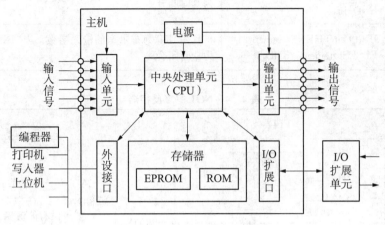

图 4 - 13 PLC 结构图

1）CPU 模块

CPU 模块主要由微处理器（CPU 芯片）和存储器组成。在 PLC 控制系统中，CPU 模块不断采集输入信号，执行用户程序，刷新系统的输出；存储器用来存储程序和数据。

2）输入模块

输入模块和输出模块简称 I/O 模块，它们是联系外部现场和 CPU 模块的桥梁。开关量输入模块用来接收和采集从按钮、选择开关、限位开关、接近开关、光电开关和压力继电器等开关量输入的信号；模拟量输入模块用来采集各种变送器、热电偶和热电阻提供的连续变化的模拟量输入信号。

3）输出模块

PLC 通过开关量输出的模块控制继电器，从而控制接触器、电磁阀等设备装置；通过模拟量输出模块用来将 PLC 内的数字转化为成比例的电流或电压，从而控制调速器、调节阀等执行机构。I/O 模块除了传递信号外，还有电平转换与隔离的作用。

4）外设接口

主要用来下载程序或与外设通信连接等。

4.6.2 西门子 PLC 指令系统

4.6.2.1 基本逻辑指令

1）标准触点指令

标准触点分为常开触点和常闭触点，其中常开触点在指定位为 1 状态时闭合，为 0 状态时断开；常闭触点在指定位为 1 状态时断开，为 0 状态时闭合。标准触点指令见表 4 - 3。

2）NOT 逻辑反相器

NOT 逻辑反相器用来转换能流入的逻辑状态，见表 4 - 4。

表 4-3　标准触点指令

LAD	SCL	说　明
"IN" ┤├	IFinTHENStatement; ELSEStatement; END_IF	其中"IN"为布尔型的输入参数。当"IN"为 1 时闭合, 为 0 时断开
"IN" ┤/├	IFNOTinTHENStatement; ELSEStatement；END_IF	其中"IN"为布尔型的输入参数。当"IN"为 1 时断开, 为 0 时闭合

表 4-4　NOT 逻辑反相器

LAD	FBD	SCL	说　明
"OUT" —( )—	"IN1" "IN2" & "IN1" "IN2" &	NOT	LADNOT 触点取反能流输入的 逻辑状态 ● 如果没有能流流入 NOT 触点, 　则有能流流出 ● 如果有能流流入 NOT 触点,则 　没有能流流出

3）线圈输出指令

线圈输出指令将线圈的状态写入指定的地址,线圈通电时写入 1,断电时写入 0,见表 4-5。

表 4-5　线圈输出指令

LAD	FBD	SCL	说　明
"OUT" —( )—	"OUT" =	out:=〈bool 表达式〉	在 FBD 编程中,LAD 线圈变为分配（＝和/＝）功能框,可在其中为功能框输出指定位地址。功能框输入和输出可连接到其他功能框逻辑,用户也可以输入位地址 　通过在 Q 偏移量后加上":P"（例如"%Q1.4:P"）,可指定立即写入物理输出。对于立即写入,将位数据值写入过程映像输出并直接写入物理输出
"OUT" —(/)—	"OUT" /= "OUT" =	out:=NOT〈bool 表达式〉	

4）置位和复位指令

（1）置位和复位指令见表 4 - 6。

表 4 - 6　置位和复位指令

LAD	FBD	SCL	说　明
"OUT" —(S)—	"OUT" **S** "IN"	无	置位输出： S 置位时,OUT 地址处的数据值设置为 1。 S 未激活时,OUT 不变
"OUT" —(R)—	"OUT" **R** "IN"	无	置位输出： S 置位时,OUT 地址处的数据值设置为 1。 S 未激活时,OUT 不变

表 4 - 6 中,参数"IN"和"OUT"为布尔型数据变量。"IN"是要监视位置的位变量,"OUT"是要置位或复位位置的位变量。对于 LAD 和 FBD,上述指令可以放置在程序段的任何位置,而 SCL 必须在应用程序中编写代码来复制该函数。

（2）置位和复位位域见表 4 - 7。

表 4 - 7　置位和复位位域

LAD	FBD	SCL	说　明
"OUT" —(SET_BF)—| "n"	"OUT" **SET_BF** EN N	无	置位位域： SET_BF 激活时,为从寻址变量 OUT 处开始的"n"位分配数据值 1。SET_BF 未激活时,OUT 不变
"OUT" —(RESET_BF) "n"	"OUT" **RESET_BF** EN N	无	复位位域： RESET_BF 为从寻址变量 OUT 处开始的"n"位写入数据值 0。RESET_BF 未激活时,OUT 不变

表 4 - 7 中,"OUT"为布尔型数据变量,"n"为常数。"OUT"为要置位或复位位域的起始元素,"n"是要写入的位数。对于 LAD 和 FBD 上述指令必须是分支中最右端的指令,而 SCL 必须在应用程序中编写代码来复制该函数。

（3）置位优先和复位优先触发器见表 4 - 8。

表 4 - 8　置位优先和复位优先触发器

LAD/FBD	SCL	说　明
"INOUT" **RS** R　　Q S1	无	复位/置位触发器： RS 是置位优先锁存,其中置位优先。如果置位(S1)和复位(R)信号都为真,则地址 INOUT 的值将为 1

（续表）

LAD/FBD	SCL	说　　明
"INOUT" **SR** S　　Q R1	无	置位/复位触发器： 　SR 是复位优先锁存，其中复位优先。如果置位（S）和复位（R1）信号都为真，则地址 INOUT 的值将为 0

　　对于 LAD 和 FBD 上述指令必须是分支中最右端的指令，而 SCL 必须在应用程序中编写代码来复制该函数。

　　5）上升沿和下降沿指令

　　（1）上升沿和下降沿跳变检测见表 4-9。

表 4-9　上升沿和下降沿跳变检测

LAD	FBD	SCL	说　　明
"IN" —| P |— "M_BIT"	"IN" **P** "M_BIT"	无	扫描操作数的信号上升沿 　LAD：在分配的输入位上检测到正跳变（断到通）时，该触点的状态为 TRUE。该触点逻辑状态随后与能流输入状态组合以设置能流输出状态。P 触点可以放置在程序段中除分支结尾外的任何位置 　FBD：在分配的输入位上检测到正跳变（关到开）时，输出逻辑状态为 TRUE。P 功能框只能放置在分支的开头
"IN" —| N |— "M_BIT"	"IN" **N** "M_BIT"	无	扫描操作数的信号下降沿 　LAD：在分配的输入位上检测到负跳变（开到关）时，该触点的状态为 TRUE。该触点逻辑状态随后与能流输入状态组合以设置能流输出状态。N 触点可以放置在程序段中除分支结尾外的任何位置 　FBD：在分配的输入位上检测到负跳变（开到关）时，输出逻辑状态为 TRUE。N 功能框只能放置在分支的开头
"OUT" —(P)— "M_BIT"	"OUT" **P=** "M_BIT"	无	在信号上升沿置位操作数 　LAD：在进入线圈的能流中检测到正跳变（关到开）时，分配的位"OUT"为 TRUE。能流输入状态总是通过线圈后变为能流输出状态。P 线圈可以放置在程序段中的任何位置 　FBD：在功能框输入连接的逻辑状态中或输入位赋值中（如果该功能框位于分支开头）检测到正跳变（关到开）时，分配的位"OUT"为 TRUE。输入逻辑状态总是通过功能框后变为输出逻辑状态。P= 功能框可以放置在分支中的任何位置

(续表)

LAD	FBD	SCL	说　明
"OUT" —(N)— "M_BIT"	"OUT" N= "M_BIT"	无	在信号下降沿置位操作数 LAD：在进入线圈的能流中检测到负跳变（开到关）时，分配的位"OUT"为 TRUE。能流输入状态总是通过线圈后变为能流输出状态。N 线圈可以放置在程序段中的任何位置 FBD：在功能框输入连接的逻辑状态中或在输入位赋值中（如果该功能框位于分支开头）检测到负跳变（通到断）时，分配的位"OUT"为 TRUE。输入逻辑状态总是通过功能框后变为输出逻辑状态。N＝功能框可以放置在分支中的任何位置

对于 SCL 必须在应用程序中编写代码来复制该函数。

(2) P_TRIG 和 N_TRIG 指令见表 4-10。

表 4-10　P_TRIG 和 N_TRIG 指令

LAD/FBD	SCL	说　明
P_TRIG CLK　Q "M_BIT"	无	扫描 RLO（逻辑运算结果）的信号上升沿 在 CLK 输入状态（FBD）或 CLK 能流输入（LAD）中检测到正跳变（断到通）时，Q 输出能流或逻辑状态为 TRUE 在 LAD 中，P_TRIG 指令不能放置在程序段的开头或结尾。在 FBD 中，P_TRIG 指令可以放置在除分支结尾外的任何位置
N_TRIG CLK　Q "M_BIT"	无	扫描 RLO 的信号下降沿 在 CLK 输入状态（FBD）或 CLK 能流输入（LAD）中检测到负跳变（通到断）时，Q 输出能流或逻辑状态为 TRUE 在 LAD 中，N_TRIG 指令不能放置在程序段的开头或结尾。在 FBD 中，N_TRIG 指令可以放置在除分支结尾外的任何位置

对于 SCL 必须在应用程序中编写代码来复制该函数。

4.6.2.2　基本功能指令

1) 数学运算指令

(1) CALCULATA 指令见表 4-11。

表 4-11　CALCULATA 指令

LAD/FBD	SCL	说　明
CALCULATE ??? EN　　　ENO OUT := <???> IN1　　　OUT IN2	使用标准 SCL 数学表达式创建等式	CALCULATE 指令可用于创建作用于多个输入上的数学函数（IN1，IN2，…，INn），并根据定义的等式在 OUT 处生成结果 首先选择数据类型。所有输入和输出的数据类型必须相同

（2）加法、减法、乘法和除法指令见表 4 - 12。

表 4 - 12　加法、减法、乘法和除法指令

LAD/FBD	SCL	说　明
ADD ??? EN ENO IN1 OUT IN2❖	out：=in1+in2；out：=in1-in2； out：=in1 * in2；out：=in1/in2；	● ADD：加法（IN1＋IN2＝OUT） ● SUB：减法（IN1－IN2＝OUT） ● MUL：乘法（IN1 * IN2＝OUT） ● DIV：除法（IN1/IN2＝OUT） 整数除法运算会截去商的小数部分以生成整数输出

（3）返回除法的余数（MOD）指令见表 4 - 13。

表 4 - 13　返回除法的余数（MOD）指令

LAD/FBD	SCL	说　明
MOD ??? EN ENO IN1 OUT IN2	out：=in1MODin2；	可以使用 MOD 指令返回整数除法运算的余数。用输入 IN1 的值除以输入 IN2 的值，在输出 OUT 中返回余数

（4）取反（NEG）指令见表 4 - 14。

表 4 - 14　取反（NEG）指令

LAD/FBD	SCL	说　明
NEG ??? EN ENO IN OUT	-(in)；	使用 NEG 指令可将参数 IN 值的算术符号取反，将结果存储在参数 OUT 中

（5）递增（INC）和递减（DEC）指令见表 4 - 15。

表 4 - 15　递增（INC）和递减（DEC）指令

LAD/FBD	SCL	说　明
INC ??? EN ENO IN/OUT	in_out：=in_out+1；	递增有符号或无符号整数值：IN_OUT 值+1=IN_OUT 值
DEC ??? EN ENO IN/OUT	in_out：=in_out-1；	递减有符号或无符号整数值：IN_OUT 值-1=IN_OUT 值

2）移动操作指令

（1）移动值（MOVE）、移动块（MOVE_BLK）、无中断移动块（UMOVE_BLK）和移动块

（MOVE_BLK_VARIANT）指令见表 4-16。

表 4-16 移动值、移动块、无中断移动块和移动块指令

LAD/FBD	SCL	说　明
MOVE — EN　　ENO — — IN　※ OUT1 —	out1：＝in；	将存储在指定地址的数据元素复制到新地址或多个地址
MOVE_BLK — EN　　ENO — — IN　　OUT — — COUNT	MOVE_BLK(in：＝_variant_in, count：＝_uint_in, out=>_ variant_out)；	将数据元素块复制到新地址的可中断移动
UMOVE_BLK — EN　　ENO — — IN　　OUT — — COUNT	UMOVE_BLK(in：＝_variant_in, count：＝_uint_in, out=>_ variant_out)；	将数据元素块复制到新地址的不可中断移动
MOVE_BLK_VARIANT — EN　　　　　ENO — — SRC　　　　Ret_Val — — COUNT　　　　DEST — — SRC_INDEX — DEST_INDEX	MOVE_BLK(SRC：＝_variant_in, COUNT：＝_udint_in, SRC_INDEX：＝_dint_in, DEST_INDEX：＝_dint_in, DEST=>_variant_out)；	将源存储区域的内容移动到目标存储区域。可以将一个完整的数组或数组中的元素复制到另一个具有相同数据类型的数组中。源数组和目标数组的大小（元素数量）可以不同。可以复制数组中的多个或单个元素。源数组和目标数组都可以用 Variant 数据类型来指代

（2）DESERIALIZE 指令见表 4-17。

表 4-17 DESERIALIZE 指令

LAD/FBD	SCL	说　明
Deserialize — EN　　　　　ENO — — SRC_ARRAY　　Ret_Val — — POS　　DEST_VARIABLE —	ret_val：＝Deserialize(SRC_ARRAY：＝_variant_ in_, DEST_VARIABLE = >_ variant_out_, POS：＝_dint_inout_)；	将按顺序表达的 PLC 数据类型（UDT）转换回 PLC 数据类型，并填充整个内容

（3）SERIALIZE 指令见表 4-18。

表 4-18 SERIALIZE 指令

LAD/FBD	SCL	说　明
Serialize — EN　　　　　ENO — — SRC_VARIABLE　Ret_Val — — POS　　DEST_ARRAY —	ret_val：＝Serialize(SRC_VARIABLE = >_ variant_in_, DEST_ARRAY：＝_variant _out_, POS：＝_dint_inout_)；	将 PLC 数据类型（UDT）转换为按顺序表达的版本

3）转换操作指令

（1）转换值（CONV）指令见表 4-19。

表 4-19　转换值（CONV）指令

LAD/FBD	SCL	说　　明
CONV ??? to ??? EN　ENO IN　OUT	out：=〈datatypein〉_TO_〈datatypeout〉(in)；	将数据元素从一种数据类型转换为另一种数据类型

（2）取整（ROUND）和截尾取整（TRUNC）指令见表 4-20。

表 4-20　取整（ROUND）和截尾取整（TRUNC）指令

LAD/FBD	SCL	说　　明
ROUND Real to DInt EN　ENO IN　OUT	out：=ROUND(in)；	将实数转换为整数。对于 LAD/FBD，在指令框中单击"???"选择输出数据类型，例如"DInt" 对于 SCL，ROUND 指令的默认输出数据类型为 DInt。要舍入为另一种输出数据类型，输入具有数据类型的显式名称的指令名称，例如 ROUND_Real 或 ROUND_LReal
TRUNC Real to DInt EN　ENO IN　OUT	out：=TRUNC(in)；	实数的小数部分舍入为最接近的整数值（IEEE-取整为最接近值）。如果该数值刚好是两个连续整数的一半（例如 10.5），则将其取整为偶数 TRUNC 用于将实数转换为整数。实数的小数部分被截成零（IEEE-取整为零）

（3）浮点向上取整（CEIL）和浮点向下取整（FLOOR）指令见表 4-21。

表 4-21　浮点向上取整（CEIL）和浮点向下取整（FLOOR）指令

LAD/FBD	SCL	说　　明
CEIL Real to DInt EN　ENO IN　OUT	out：=CEIL(in)；	将实数（Real 或 LReal）转换为大于或等于所选实数的最小整数（IEEE"向正无穷取整"）
FLOOR Real to DInt EN　ENO IN　OUT	out：=FLOOR(in)；	将实数（Real 或 LReal）转换为小于或等于所选实数的最大整数（IEEE"向负无穷取整"）

4）字逻辑指令

（1）与（AND）、或（OR）和非（XOR）指令见表 4-22。

表 4 - 22　与(AND)、或(OR)和非(XOR)指令

LAD/FBD	SCL	说　明
AND ??? EN　ENO IN1　OUT IN2	out：=in1ANDin2； out：=in1ORin2； out：=in1XORin2；	AND：逻辑 AND OR：逻辑 OR XOR：逻辑异或

(2) 求反(INV)指令见表 4 - 23。

表 4 - 23　求反(INV)指令

LAD/FBD	SCL	说　明
INV ??? EN　ENO IN　OUT	无	计算参数 IN 的二进制反码。通过对参数 IN 各位的值取反来计算反码(将每个 0 变为 1,每个 1 变为 0)。执行该指令后,ENO 总是为 TRUE

(3) 解码(DECO)和编码(ENCO)指令见表 4 - 24。

表 4 - 24　解码(DECO)和编码(ENCO)指令

LAD/FBD	SCL	说　明
ENCO ??? EN　ENO IN　OUT	out：=ENCO(_in_)；	将位序列编码成二进制数 ENCO 指令将参数 IN 转换为与参数 IN 的最低有效设置位的位置对应的二进制数,并将结果返回给参数 OUT。如果参数 IN 为 00000001 或 00000000,则将值 0 返回给参数 OUT。如果参数 IN 的值为 00000000,则 ENO 设置为 FALSE
DECO ??? EN　ENO IN　OUT	out：=DECO(_in_)；	将二进制数解码成位序列 DECO 指令通过将参数 OUT 中的相应位位置设置为 1(其他所有有位设置为 0)解码参数 IN 中的二进制数。执行 DECO 指令之后,ENO 始终为 TRUE 注：DECO 指令的默认数据类型为 DWORD。在 SCL 中,将指令名称更改为 DECO_BYTE 或 DECO_WORD 可解码字节或字值,并分配到字节或字变量或地址

5) 移位与循环移位

(1) 右移(SHR)和左移(SHL)指令见表 4 - 25。

表 4 - 25　右移(SHR)和左移(SHL)指令

LAD/FBD	SCL	说　明
SHR ??? EN　ENO IN　OUT N	out：=SHR(in：=_variant_in_, n：=_uint_in)； out：=SHL(in：=_variant_in_, n：=_uint_in)；	使用移位指令(SHL 和 SHR)移动参数 IN 的位序列。结果将分配给参数 OUT。参数 N 指定移位的位数 ● SHR：右移位序列 ● SHL：左移位序列

（2）循环右移（ROR）和循环左移（ROL）指令见表 4 - 26。

表 4 - 26　循环右移（ROR）和循环左移（ROL）指令

LAD/FBD	SCL	说　明
ROL ??? EN　ENO IN　OUT N	out:=ROL(in:=_variant_in_, n:=_uint_in); out:=ROR(in:=_variant_in_, n:=_uint_in);	循环指令（ROR 和 ROL）用于将参数 IN 的位序列循环移位结果分配给参数 OUT。参数 N 定义循环移位的位数 ● ROR：循环右移位序列 ● ROL：循环左移位序列

4.6.2.3　基本控制指令

（1）跳转指令见表 4 - 27。

表 4 - 27　跳转指令

LAD	FBD	说　明
Label_name —(JMP)—	Label_name **JMP**	RLO（逻辑运算结果）＝1 时跳转，如果有能流通 JMP 线圈（LAD），或者 JMP 功能框的输入为真（FBD），则程序将从指定标签后的第一条指令继续执行
Label_name —(JMPN)—	Label_name **JMPN**	RLO＝0 时跳转，如果没有能流通过 JMPN 线圈（LAD），或者 JMPN 功能框的输入为假（FBD），则程序将从指定标签后的第一条指令继续执行
Label_name	Label_name	JMP 或 JMPN 跳转指令的目标标签

（2）定义跳转列表指令见表 4 - 28。

表 4 - 28　定义跳转列表指令

LAD/FBD	SCL	说　明
JMP_LIST EN　DEST0 K　DEST1 　　DEST2 　DEST3	CASEkOF 0: GOTOdest0; 1: GOTOdest1; 2: GOTOdest2; [n: GOTOdestn;]END_CASE;	JMP_LIST 指令用作程序跳转分配器，控制程序段的执行。根据 K 输入的值跳转到相应的程序标签。程序从目标跳转标签后面的程序指令继续执行。如果 K 输入的值超过（标签数－1），则不进行跳转，继续处理下一个程序段

（3）跳转分配器（SWITCH）指令见表 4 - 29。

表 4 - 29　跳转分配器（SWITCH）指令

LAD/FBD	SCL	说　明
SWITCH ??? EN　DEST0 K　DEST1 ==　DEST2 <>　ELSE >=	无	SWITCH 指令用作程序跳转分配器，控制程序段的执行。根据 K 输入的值与分配给指定比较输入的值的比较结果，跳转到与第一个为"真"的比较测试相对应的程序标签。如果比较结果都不为 TRUE，则跳转到分配 ELSE 的标签。程序从目标跳转标签后面的程序指令继续执行

(4) 返回(RET)指令见表 4 - 30。

表 4 - 30　返回(RET)指令

LAD	FDB	SCL	说　明
"Return_Value" —(RET)—|	"Return_Value" RET	RETURN；	终止当前块的执行

(5) 启用/禁用 CPU 密码(ENDIS_PW)指令见表 4 - 31。

表 4 - 31　启用/禁用 CPU 密码(ENDIS_PW)指令

LAD/FBD	SCL	说　明
ENDIS_PW — EN　　　　ENO — — REQ　　　Ret_Val — — F_PWD　　F_PWD_ON — — FULL_PWD　FULL_PWD_ON — — R_PWD　　R_PWD_ON — — HMI_PWD　HMI_PWD_ON —	ENDIS_PW(req：= _bool_in_， f_pwd：= _bool_in_， full_pwd：= _bool_in_， r_pwd：= _bool_in_， hmi_pwd：= _bool_in_， f_pwd_on=> _bool_out_， full_pwd_on=> _bool_out_， r_pwd_on=> _bool_out_， hmi_pwd_on=> _bool_out_)；	即使客户端能够提供正确的密码，ENDIS_PW 指令也可以允许或禁止客户端连接到 S7 - 1200CPU。 此指令不会禁止 Web 服务器密码

(6) 重置周期监视时间(RE_TRIGR)指令见表 4 - 32。

表 4 - 32　重置周期监视时间(RE_TRIGR)指令

LAD/FBD	SCL	说　明
RE_TRIGR EN　ENO	RE_TRIGR()；	RE_TRIGR(重新触发扫描时间监视狗)用于延长扫描循环监视狗定时器生成错误信息前允许的最大时间

(7) 退出程序(STP)，指令为 STP。

(8) 获取本地错误信息(GET_ERROR)指令见表 4 - 33。

表 4 - 33　获取本地错误信息(GET_ERROR)指令

LAD/FBD	SCL	说　明
GET_ERROR EN　　ENO 　　　ERROR	GET_ERROR(_out_)；	指示发生本地程序块执行错误，并用详细错误信息填充预定义的错误数据结构

(9) 测量程序运行时间(RUNTIME)指令见表 4 - 34。

表 4-34   测量程序运行时间(RUNTIME)指令

LAD/FBD	SCL	说　明
RUNTIME EN　　ENO MEM　Ret_Val	Ret_Val:=RUNTIME(_lread_inout_);	测量整个程序、各个块或命令序列的运行时间

4.6.2.4　基本比较指令

(1) 比较指令见表 4-35。

表 4-35   比较指令

LAD	FBD	SCL	说　明
"IN1" ━┤ == ├━ 　Byte "IN2"	== Byte "IN1" — IN1 "IN2" — IN2	out:=in1=in2; or IFin1=in2 THENout:=1; ELSEout:=0; END_IF;	比较数据类型相同的两个值。该 LAD 触点比较结果为 TRUE 时,则该触点会被激活。如果该 FBD 功能框比较结果为 TRUE,则功能框输出为 TRUE

表 4-35 中的参数 IN1,IN2 的数据类型可以为 Byte,Word,DWord,SInt,Int,DInt,USInt,UInt,UDInt,Real,LReal,String,WString,Char,Char,Time,Date,TOD,DTL 或常数。对于 LAD 和 FBD,单击指令名称(如"=="),可以从下拉列表中更改比较类型,见表 4-36。

表 4-36   更改比较

关系类型	满足以下条件时比较结果为真	关系类型	满足以下条件时比较结果为真
=	IN1 等于 IN2	<=	IN1 小于或等于 IN2
<>	IN1 不等于 IN2	>	IN1 大于 IN2
>=	IN1 大于或等于 IN2	<	IN1 小于 IN2

(2) 范围内值(IN_RANGE)和范围外值(OUT_RANGE)指令见表 4-37。

表 4-37   范围内值(IN_Range)和范围外值(OUT_Range)指令

LAD/FBD	SCL	说　明
IN_RANGE ??? MIN VAL MAX	out:=IN_RANGE(min, val, max);	测试输入值是在指定的值范围之内还是之外。如果比较结果为 TRUE,则功能框输出为 TRUE 当 MIN<=VAL<=MAX 时 IN_RANGE 的比较结果为真。当 VAL<MIN 或 VAL>MAX 时 OUT_RANGE 为真
OUT_RANGE ??? MIN VAL MAX	out:=OUT_RANGE(min, val, max);	

表 4-37 中 MIN，VAL，MAX 是比较器输入，数据类型为 SInt，Int，DInt，USInt，UInt，UDInt，Real，Lreal 或常数，三个输入参数的数据类型必须相同。

（3）检查有效性（OK）和检查无效性（NOT_OK）指令见表 4-38。

表 4-38　检查有效性（OK）和检查无效性（NOT_OK）指令

LAD	FBD	SCL	说　明
"IN" ┤ OK ├	"IN" OK	无	测试输入数据参考是否为符合 IEEE 规范 754 的有效实数 指令 OK：输入值为有效实数 指令 NOT_OK：输入值不是有效实数
"IN" ┤ NOT_OK ├	"IN" NOT_OK	无	

对于 LAD 和 FBD，如果该 LAD 触点为 TRUE，则激活该触点并传递能流；如果该 FBD 功能框为 TRUE，则功能框输出为 TRUE。"IN"为输入数据，为 Real 型或 LReal 型。如果 Real 或 LReal 类型的值为+/−INF（无穷大）、NaN（不是数字）或非标准化的值，则其无效。非标准化的值是非常接近于 0 的数字。CPU 在计算中用 0 替换非标准化的值。

（4）EQ 和 NE 指令见表 4-39。

表 4-39　EQ 和 NE 指令

LAD	FBD	SCL	说明
#Operand1 ┤ EQ_Type ├ "Operand2"	#Operand1 EQ_Type "Operand2" — IN2　OUT —	无	测试 Operand1 处的变型所指向的变量是否与 Operand2 处的变量具备相同的数据类型
#Operand1 ┤ NE_Type ├ "Operand2"	#Operand1 NE_Type "Operand2" — IN2　OUT —	无	测试 Operand1 处的变型所指向的变量是否与 Operand2 处的变量具备不同的数据类型
#Operand1 ┤ EQ_ElemType ├ "Operand2"	#Operand1 EQ_ElemType "Operand2" — IN2　OUT —	无	测试 Operand1 处的变型所指向的数组元素是否与 Operand2 处的变量具备相同的数据类型
#Operand1 ┤ NE_ElemType ├ "Operand2"	#Operand1 NE_ElemType "Operand2" — IN2　OUT —	无	测试 Operand1 处的变型所指向的数组元素是否与 Operand2 处的变量具备不同的数据类型

表 4-39 中的 Operand1 与 Operand2 分别为第一操作数和第二操作数，其中 Operand1 的数据类型为 Variant，Operand2 的数据类型为位字符串、整数、浮点数、定时器、日期和时

间、字符串及 ARRAY。

4.6.2.5　常用高级指令

1) 装载和传送指令

可使用装载(L)和传送(T)指令进行编程,以在输入或输出模块与存储区之间,或者在各存储区之间进行信息交换,见表 4-40、表 4-41。CPU 在每个扫描周期中将这些指令作为无条件指令执行,它们不受语句逻辑运算结果的影响。可用这些装载和传送指令完成相应的功能。

2) 定时器

CPU 存储器中有一个为定时器保留的区域。该存储器区域为每个定时器保留一个 16 位数字。FBD 编程支持 256 个定时器。利用时钟定时更新定时器数字。在运行模式下,CPU 的这个功能可能按照由时间基准指定的时间间隔将给定的时间值递减一个单位,直到该时间值等于零为止。递减操作与用户程序异步。着重表示所得到的时间总是较短,最高可达时间基准的一个时间间隔。

定时器数字的位 0～9 包含二进制编码的时间值。时间值指定多个单位。时间更新可按照由时间基准指定的间隔将时间值递减一个单位。递减会持续进行,直至时间值等于零为止。可以在累加器 1 的低字中以二进制、十六进制或二进制编码的十进制(BCD)格式装入时间值。可使用以下格式之一预先加载时间值: • W♯16♯txyz,其中 t=时间基准(即时间间隔或分辨率)此处 xyz=以

表 4-40	装载指令
L	装载
LSTW	将状态字加载到 ACCU1 中
LAR1AR2	从地址寄存器 2 装载到地址寄存器 1
LAR1〈D〉	用长整型(32 位指针)装载到地址寄存器 1
LAR1	用 ACCU1 装载到地址寄存器 2
LAR2〈D〉	用长整型(32 位指针)装载到地址寄存器 1
LAR2	用 ACCU1 装载到地址寄存器 2

表 4-41	传送指令
T	传送
TSTW	将 ACCU1 传送至状态字
TAR1AR2	从地址寄存器 1 传送到地址寄存器 2
TAR1〈D〉	将地址寄存器 1 传送至目标地址(32 位指针)
TAR1	将地址寄存器 1 传送至 ACCU1
TAR2〈D〉	将地址寄存器 2 传送至目标地址(32 位指针)
TAR2	将地址寄存器 2 传送至 ACCU1
CAR	交换地址寄存器 1 和地址寄存器 2

二进制编码的十进制格式表示的时间值 • S5T♯aH_bM_cS_dMS 其中,H=小时,M=分钟,S=秒钟,MS=毫秒;用户变量为:a、b、c、d 自动选择时间基准,其值输入为具有该时间基准的下一个较小的数字。可以输入的最大时间值是 9 990 s 或 2H_46M_30S。

定时器数字的位 12 和 13 包含二进制编码的时间基准。时间基准定义为:时间值减小一个单位的间隔。最小时间基准为 10 ms;最大为 10 s。

一般的定时器指令如下:①FR 启用定时器(自由);②L 将当前定时器值作为整数载入 ACCU1;③LC 将当前定时器值作为 BCD 载入 ACCU1;④R 复位定时器;⑤SD 接通延迟定时器;⑥SE 扩展脉冲定时器;⑦SF 断开延时定时器;⑧SP 脉冲定时器;⑨SS 掉电保护接通延时定时器。

4.6.2.6 编程方法介绍

以 S7 - 200 为例,STEP7 为其提供的编程方法有梯形逻辑图(LAD)以下简称"梯形图"、功能块图(FBD)、结构化控制语言(SCL)。

1) 梯形逻辑图

LAD 是一种图形编程语言。它使用基于电路图的表示法。

电路图的元件(如常闭触点、常开触点和线圈)相互连接构成程序段,如图 4 - 14 所示。

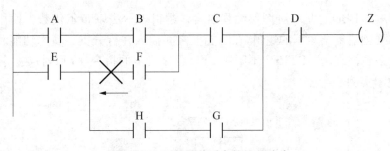

图 4 - 14 梯形图程序段

要创建复杂运算逻辑,可插入分支以创建并行电路的逻辑。并行分支向下打开或直接连接到电源线。用户可向上终止分支。LAD 向多种功能(如数学、定时器、计数器和移动)提供"功能框"指令。STEP7 不限制 LAD 程序段中的指令(行和列)数。

创建 LAD 程序段时请注意以下规则:

(1) 不能创建可能导致反向能流的分支,如图 4 - 15 所示。

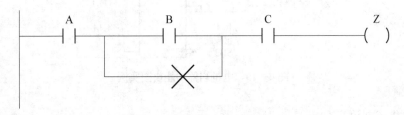

图 4 - 15 可能导致反向能流的分支

(2) 不能创建可能导致短路的分支,如图 4 - 16 所示。

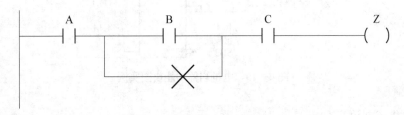

图 4 - 16 可能导致短路的分支

一个典型的电机启停控制梯形图如图 4-17 所示。

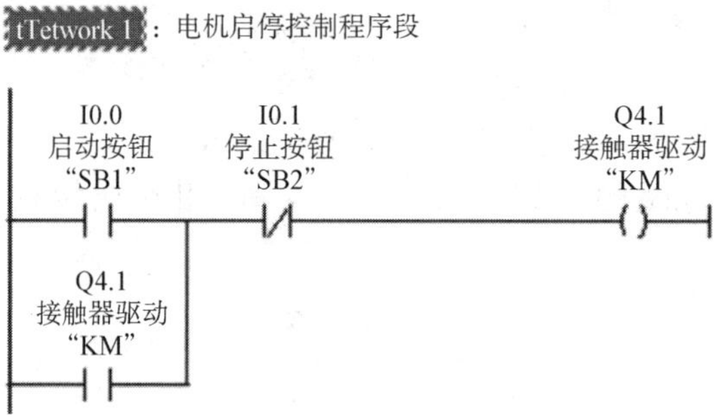

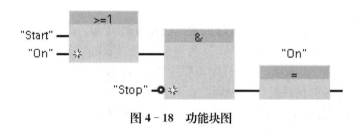

图 4-17　电机启停控制梯形图程序段

2）功能块图

功能块图（function block diagram，FBD）是基于布尔代数中使用的图形逻辑符号的编程语言，如图 4-18 所示。

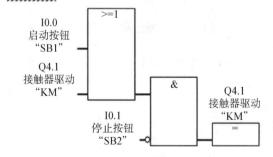

图 4-18　功能块图

与 LAD 一样，FBD 也是一种图形编程语言。逻辑表示法以布尔代数中使用的图形逻辑符号为基础。要创建复杂运算的逻辑，在功能框之间插入并行分支。算术功能和其他复杂功能可直接结合逻辑框表示。STEP7 不限制 FBD 程序段中的指令（行和列）数。图 4-19 为电机启停功能块图实例。

图 4-19　电机启停功能块图实例

3）结构化控制语言

SCL（结构化控制语言）是一种基于文本的高级编程语言。

SCL 是用于 SIMATIC-S7CPU 的基于 PASCAL 的高级编程语言。SCL 支持 STEP7 的

块结构。

SCL 指令使用标准编程运算符,例如,用(:＝)表示赋值,算术功能(＋表示相加,－表示相减,＊表示相乘,/表示相除)。SCL 也使用标准的 PASCAL 程序控制操作,如 IF－THEN－ELSE、CASE、REPEAT－UNTIL、GOTO 和 RETURN。SCL 编程语言中的语法元素还可以使用所有的 PASCAL 参考。许多 SCL 的其他指令(如定时器和计数器)与 LAD 和 FBD 指令匹配。

4.6.3　西门子 PLC 特殊功能及功能模块

4.6.3.1　西门子 PLC 的特殊功能及指令

1) 中断指令

(1) 附加/分离 OB 和中断事件指令(ATTACH 和 DETACH)见表 4－42。

表 4－42　附加/分离 OB 和中断事件指令(ATTACH 和 DETACH)

LAD/FBD	SCL	说　明
ATTACH EN　ENO OB_NR　RET_VAL EVENT ADD	ret_val:＝ATTACH(ob_nr:＝_int_in_, event:＝_event_att_in_, add:＝_bool_in_);	ATTACH 启用响应硬件中断事件的中断 OB 子程序执行
DETACH EN　ENO OB_NR　RET_VAL EVENT	ret_val:＝DETACH(ob_nr:＝_int_in_, event:＝_event_att_in);	DETACH 禁用响应硬件中断事件的中断 OB 子程序执行

(2) 设置循环中断参数(SET_CINT)指令见表 4－43。

表 4－43　设置循环中断参数(SET_CINT)指令

LAD/FBD	SCL	说　明
SET_CINT EN　ENO OB_NR　RET_VAL CYCLE PHASE	ret_val:＝SET_CINT(ob_nr:＝_int_in_, cycle:＝_udint_in_, phase:＝_udint_in_);	设置特定的中断 OB 以开始循环中断程序扫描过程

(3) 查询循环中断参数指令见表 4－44。

表 4－44　查询循环中断参数指令

LAD/FBD	SCL	说　明
QRY_CINT EN　ENO OB_NR　RET_VAL CYCLE PHASE STATUS	ret_val:＝QRY_CINT(ob_nr:＝_int_in_, cycle=>_udint_out_, phase=>_udint_out_, status=>_word_out_);	获取循环中断 OB 的参数和执行状态。返回值早在执行 QRY_CINT 时便已存在

（4）设置时钟中断（SET_TINTL）指令见表 4－45。

表 4－45　设置时钟中断（SET_TINTL）指令

LAD/FBD	SCL	说　　明
SET_TINTL EN　　　　　ENO OB_NR　　RET_VAL SDT LOCAL PERIOD ACTIVATE	ret_val:=SET_TINTL(OB_NR:=_int_in_, SDT:=_dtl_in_, LOCAL:=_bool_in_PERIOD :=_word_in_ACTIVATE:=_ bool_in_);	设置日期和时钟中断。程序中断 OB 可以设置为执行一次，或者在分配的时间段内多次执行
QRY_DINT EN　　　　　ENO OB_NR　　RET_VAL 　　　　　　STATUS	ret_val:=QRY_DINT(ob_ nr:=_int_in_, status=>_word_out_);	QRY_DINT 查询通过 OB_NR 参数指定的延时中断的状态

2）高速计数器

高速计数器指令见表 4－46。

表 4－46　高速计数器指令

LAD/FBD	SCL	说　　明
%DB1 "CTRL_HSC_EXT_DB" CTRL_HSC_EXT EN　　　　　ENO HSC　　　　DONE CTRL　　　　BUSY 　　　　　　ERROR 　　　　　　STATUS	"CTRL_HSC_EXT_DB"(hsc:=_hw_hsc_in_,done:=_ done_out_, busy:=_busy_out_, error:=_error_out_, status:=_status_out_, ctrl:=_variant_in_);	全部 CTRL_HSC_EXT［控制高速计数器（扩展）］指令都使用系统定义的数据结构（存储在用户自定义的全局背景数据块中）存储计数器数据。将 HSC_Count、HSC_Period 或 HSC_Frequency 数据类型作为输入参数分配到 CTRL_HSC_EXT 指令

（1）高速计数器同步功能。同步功能可通过外部输入信号给计时器设置起始刻度值。也可通过执行 CTRL_HSC_EXT 指令对起始刻度值进行更改。这样，用户可以将当前计数值与所需的外部输入信号出现值同步。同步始终以输入信号出现值为准，且无论内部门状态如何，同步始终有效。必须将"HSC_Count.EnSync"状态位设置为 True 才能启用同步功能。同步完成后，CTRL_HSC_EXT 指令会将"HSC_Count.SyncActive"状态位设置为 True。但如果在上次指令执行时未进行同步，CTRL_HSC_EXT 指令则会将"HSC_Count.SyncActive"状态位设置为 False。图 4－20 为组态活跃等级高的输入信号时的同步示例。

（2）高速计数器门功能。许多应用需要根据其他事件的情况来开启或关闭计数程序。出现这类情况时，便会通过内部门功能来开启或关闭计数。每个 HSC 通道有两个门：软件门和硬件门。这些门的状态将决定内部门的状态。

如果软件门和硬件门都处于打开状态或尚未进行组态，则内部门会打开。如果内部门打开，则开始计数。如果内部门关闭，则会忽略其他所有计数脉冲，且停止计数。

其中"打开"用于表示门处于活动状态。同理，术语"已关闭"用于表示门处于静止状态。

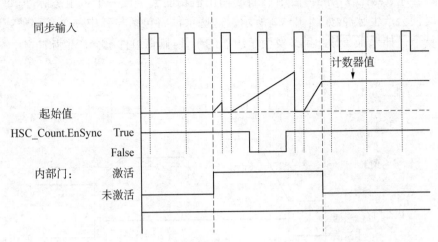

图 4-20　组态活跃等级高的输入信号时的同步示例

使用与 CTRL_HSC_EXT 指令关联的 SDT 中的"HSC_Count. EnHSC"使能位可对控制软件门进行控制。开启软件门时,将"HSC_Count. EnHSC"位设置为 True,关闭软件门时,将"HSC_Count. EnHSC"位设置为 False。执行 CTRL_HSC_EXT 指令可以更新软件门的状态。硬件门为备选件,可以在 HSC 属性区启用或禁用硬件门。仅通过硬件门控制计数过程时,软件门需要保持打开状态。如果不对硬件门组态,则硬件门将始终视为打开且内部门的状态会与软件门的状态相同。

(3) 高速计数器捕获功能。可使用"捕获"功能通过外部参照信号来保存当前计数值。通过"HSC_Count. EnCapture"位组态并启用捕获功能后,捕获功能会在外部输入沿出现的位置捕获当前计数。无论内部门的状态如何捕获功能始终有效。程序会在门关闭后保存未更改的计数器值。执行 CTRL_HSC_EXT 指令后,程序会在"HSC_Count. CapturedCount"存储捕获值。

图 4-21 显示了组态捕获功能在上升沿上进行捕获的示例。当通过 CTRL_HSC_EXT 指令将"HSC_Count. EnCapture"状态位设置为 False 时,捕获输入不会触发捕获当前计数。

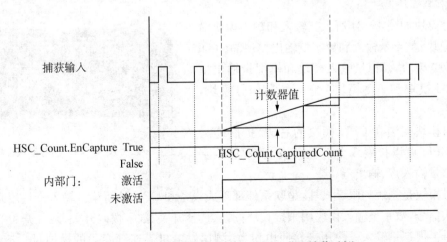

图 4-21　组态捕获功能在上升沿上进行捕获示例

（4）高速计数器比较功能。启用"比较"输出值功能会生成一个可组态脉冲,每次发生组态的事件时便会产生脉冲,如图 4－22 所示。这些事件将包括与其中一个参照值或计数器溢出相等的计数。如果正在脉冲且又发生了组态的事件,则该事件不会产生脉冲。

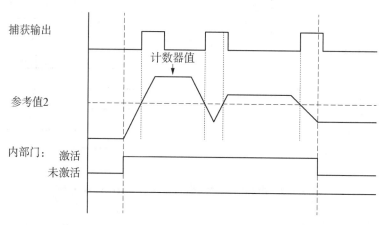

图 4－22　高速计数器

4.6.3.2　西门子 PLC 的功能模块

西门子 PLC 主要由 CPU 模块、信号模块、通信模块组成,各个模块安装在标准 DIN 导轨上,用户可以根据自身的需求确定 PLC 的结构,系统扩展十分方便。

1）CPU 模块

西门子 PLC 的 CPU 模块将微处理器、电源、数字量输入/输出电路、模拟量输入/输出电路、PROFINET 以太网接口、高速运动控制功能组合到一个设计紧凑的外壳中,如图 4－23 所示。每块 CPU 内可以安装一块信号板,安装以后不会改变 CPU 的外形和体积。

图 4－23　CPU 模块实物图

微处理器相当于人类的大脑和心脏,它不断采集输入信号,执行用户程序,刷新系统的输出,存储器用来存储程序和数据。

2）信号模块

信号模块如图 4－24 所示。输入和输出模块简称 I/O 模块,数字量输入和数字量输出模块简称 DI 模块和 DQ 模块,模拟量输入模块和模拟量输出模块简称 AI 模块和 AQ 模块。它们统称信号模块,简称 SM。

信号模块安装在 CPU 模块的右边,扩展能力最强的 CPU 可以扩展 8 个信号模块,以增加数字量和模拟量输入点、输出点。

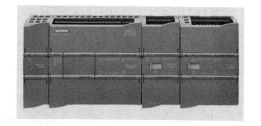

图 4－24　信号模块

信号模块是系统的眼、手、耳,是联系外部现成设备和 CPU 的桥梁。输入模块用来接收和采集输入信号,数字量输入模块用来接收从按钮、选择开关、数字拨码开关、限位开关等数字量输入信号。模拟量输入模块用来接收电位器、测速发电机等连续变化的模拟量电流、电压信号,或者直接接收热电阻、热电偶提供的温度信号。

CPU 模块的内部工作电压一般是 5 V(DC)，而 PLC 的外部输入/输出信号电压一般较高，有 24 V(DC)或 220 V(AC)。从外部引入的尖峰电压和干扰噪声可能损坏 CPU 中的元器件，或使 PLC 不能正常工作。

3）通信模块

通信模块安装在 CPU 模块的左边，最多可以添加 3 块通信模块，可以使用点对点通信模块、PROFIBUS 模块、工业远程通信模块、AS-i 接口模块和 IO-Link 模块。

4.6.3.3 西门子 PLC 的通信与网络

西门子 PLC 可以实现 CPU 与编程设备、HMI 和其他 CPU 之间的多种通信。

1）SIMATICNET

西门子的工业自动化通信网络 SIMATICNET 的顶层为工业以太网络，它是基于国际标准 IEEE 802.3 的开放式网络，可以集成互连，如图 4-25 所示。PROFIBUS 用于少量和中等数量数据的高速转送，AS-i 是底层的低成本网络，底层的通用总线系统 KNX 用于楼宇自动控制，IWLAN 是工业无线局域网。各个网络之间用连接器或有路由器功能的 PLC 连接。此外，MPI 是 SIMTAIC 产品使用的内部通信协议，可以简单传送少量数据的低成本网络。

图 4-25 SIMATICNET 实物图

2）PROFIBUS

PROFIBUS 是开放式的现场总线，如图 4-26 所示，它已被纳入国际标准 IEC 61158 的现场总线。传输速率最高 12 Mbit/s，响应时间的典型值为 1 ms，使用屏蔽双绞线电缆（最长 9.6 km）或光缆（最长 90 km），最多可以连接 127 个从站。

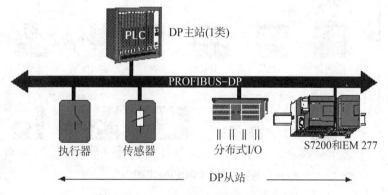

图 4-26 PROFIBUS 开放式的现场总线

PROFIBUS 提供下列通信服务：

（1）PROFIBUS-DP(decentralized periphery，分布式外部设备)用得最多，特别适合于 PLC 与现场级分布式 I/O(例如西门子的 ET200)设备之间的通信。主站之间的通信为令牌方式，主站与从站之间为主从方式，以及这两种方式的组合。PROFIBUS-DP 最大的优点是使用简单方便，在绝大多数实际应用中，只需要对网络通信作简单的组态，不用编写任何通信程序，就可以实现 DP 网络的主从通信。DP 主站读写远程 I/O(即从站)的编程，与对集中式系统的编程基本上相同。上述优点是 PROFIBUS-DP 得到广泛应用的主要原因之一。

（2）PROFIBUS-PA(process automation,过程自动化)是用于 PLC 与过程自动化现场传感器和执行器的低速数据传输,特别适合于过程工业使用。PROFIBUS-PA 由于采用了 IEC1158-2 标准,确保了本质安全和通过屏蔽双绞线电缆进行数据传输和供电,可以用于防爆区域的传感器和执行器与中央控制系统的通信。PROFIBUS-PA 行规保证了不同厂商生产的现场设备的互换性和互操作性。

（3）FMS(现场总线报文规范)已基本上被以太网通信取代,现在很少使用。

（4）PROFIdrive 用于将驱动设备(从简单的变频器到高级的动态伺服控制器)集成到自动控制系统中。

3）PROFINET

PROFINET 是基于工业以太网的开放式现场总线(IEC61158 的类型 10),可以将分布式 I/O 设备直接连接到工业以太网,如图 4-27 所示。它实现从公司管理层到现场层直接的、透明的访问。

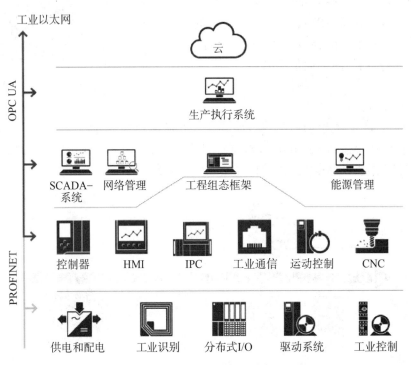

图 4-27　PROFINET 图

通过代理服务器(例如 IE/PB 连接器),PROFINET 可以透明地集成现有的 PROFIBUS 设备,保护对现有系统的投资,实现现场总线系统的无缝集成。使用 PROFINET10,现场设备可以直接连接到以太网,与 PLC 进行高速数据交换。PROFINET 支持驱动器配置行规 PROFIdrive,后者为电气驱动装置定义了设备特性和访问驱动器数据的方法,用来实现 PROFINET 上的多驱动器运动控制通信。

4）PLC 与编程设备和 HMI 的通信

通过 S7-1200/1500 集成的或通信模块的 PROFINET 和 PROFIBUS 通信接口,可以与编程设备和 HMI(人机界面)通信,如图 4-28 所示。包括下载、上传硬件组态和用户程序,在线监视 S7 站,进行测试和诊断。HMI 设备可以读取或改写 PLC 的变量。与编程设备和 HMI 通信的功能集成 CPU 的操作系统中,不需要编程,HMI 连接需要组态。

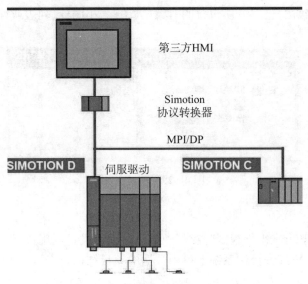

第三方HMI

Simotion
协议转换器

MPI/DP

SIMOTION D   伺服驱动   SIMOTION C

图 4-28 PLC 与编程设备和 HMI 的通信图

S7-1500 的 S7 路由器功能可以实现跨网络的编程设备通信。编程设备可以在某个固定点访问所有在 S7 项目中组态的 S7 站点,下载用户程序和硬件组态,或者执行测试和诊断功能。

5) 开放式用户通信

通过 CPU 集成的 PROFINET/工业以太网接口和 TCP、ISO-on-TCP、UDP 协议,或者通过 S7-1500 带有 PROFHINET/工业以太网接口的 CP(通信处理器),可以实现开放式用户通信。

6) 其他以太网通信服务

通过 PROFINET/工业以太网接口和 ModbusTCP 协议,不需要组态,使用指令 MBCLIENT 和 MBSERVER 进行数据交换。

SIMATICPC 站和非 SIMATIC 设备可以使用 FETCH/WRITE 服务,访问 S7CPU 中的系统存储区。S7-1200/1500 CPU 内置 Web 服务器,PC 可以通过通用的 IE 浏览器,访问它们的 Web 服务器。通过 HTTP(S)进行数据交换,例如进行故障诊断。

7) 串行点对点连接

可以通过串行通信模块,使用 Freeport(自由口)、3964(R)、USS 或 Modbus 协议,通过点对点连接进行数据交换。

8) AS-i

AS-i 是 Actuator Sensor Interface(执行器-传感器接口)的缩写,S7-1200 和 ET200SP 通过通信模块,支持基于 AS-i 网络的 AS-i 主站协议服务和 ASIsafe 服务。

4.6.3.4 西门子编程软件简单介绍

下面主要以 STEP7 软件为例,简单介绍西门子编程软件中项目的建立与编辑。

1) 项目结构

项目用于存储在提出自动化解决方案时所创建的数据和程序。数据将以对象的形式存储在项目中。对象在项目中按树形结构排列(项目体系)。项目体系在项目窗口中的显示类似于 Windows 资源管理器中的显示。

图 4‑29 为项目窗口。项目窗口分为两半部分：左半部分表示项目的树形结构；右半部分表示所选视图左半部分已打开所包含的对象(大图标、小图标、列表或详细信息)。

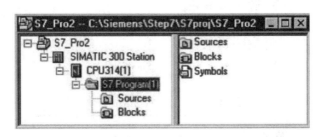

图 4‑29　项目窗口

2) 项目视图

在项目视图中,既可在组件视图"离线"中显示可编程设备可用数据的项目结构,也可在组件视图"在线"中显示可编程控制系统上可用数据的项目结构。

3) STEP7 语言

STEP7 语言是在"SIMATIC 管理器"中使用选项＞自定义菜单命令设置的语言。此语言是 STEP7 中用于接口元素、菜单命令、对话框及出错消息的语言。

4) 创建项目

(1) 创建新项目的简单方法就是使用"新项目"向导。使用菜单命令文件＞"新项目"向导来打开该向导。向导提示在对话框中输入所要求的详细资料,然后创建项目。新项目创建视图如图 4‑30 所示。

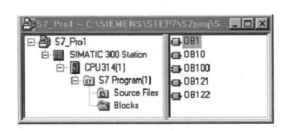

图 4‑30　新项目创建视图

(2) 插入站。在项目中,站代表了 PLC 的硬件结构,并包含有用于组态和给各个模块进行参数分配的数据。使用"新建项目"向导创建的新项目已经包含有一个站。否则,可以使用菜单命令插入＞站来创建新站。

(3) 组态硬件。当组态硬件时,人们可指定 CPU,并可借助于模块目录,指定 PLC 中的所有模块。双击站点,即可启动硬件配置应用程序。对于在组态中创建的每个可编程模块,一旦保存完毕并退出硬件配置,将自动创建一个 S7 或 M7 程序以及连接表("连接"对象)。使用"新建项目"向导创建的新项目已经包含有这些对象。关于逐步组态的向导介绍,请参见组态硬件。更多详细信息,请参见对站进行组态的基本步骤。

（4）创建连接表。将为每个可编程模块自动创建一个(空白)连接表("连接"对象)。连接表用于定义网络中的可编程模块之间的通信连接。打开时,将显示一个包含有表格的窗口,可在该表格中定义可编程模块之间的连接。

（5）插入 S7/M7 程序。用于可编程模块的软件存储在对象文件夹中。对于 SIMATIC S7 模块,该对象文件夹被称为"S7 程序",对于 SIMATIC M7,该对象文件夹被称为"M7 程序"。图 4 - 31 为 SIMATIC300 站可编程模块中的一个 S7 程序列表。

图 4 - 31　SIMATIC 300 站可编程模块中的一个 S7 程序列表

（6）创建 S7 块。希望创建语句表、梯形图或功能块图程序。为此,选择已存在的"块"对象,然后选择菜单命令插入>S7 块。在子菜单中,可选择要创建的块类型,例如数据块、用户自定义的数据类型(UDT)、功能、功能块、组织块或变量表。

（7）使用来自标准库的块。还可以使用软件标准库中的块来创建用户程序。使用菜单命令文件>打开来访问库。可在使用库进行工作及在线帮助中获得关于使用标准库以及创建个人库的更多信息。

（8）创建 M7 程序。希望为 M7 系列 PLC 的操作系统 RMOS 创建程序。为此,选择 M7 程序,然后选择菜单命令插入>M7 软件。在子菜单中,可以选择与编程语言或操作系统相匹配的对象。现在可打开所创建的对象,访问相关编程环境。

5）编辑项目

（1）打开项目。要打开现有项目,请使用菜单命令文件>打开。然后在紧接着出现的对话框中选择一个项目。于是项目窗口打开。

（2）复制项目。可使用菜单命令文件>另存为,通过用另一个名称保存项目来复制项目。可使用菜单命令编辑>复制来复制部分项目,如站、程序、块等。

（3）删除项目。可使用菜单命令文件>删除来删除项目。可使用菜单命令编辑>删除来删除部分项目,如站、程序、块等。

（4）检查项目所使用的软件包。如果正在编辑的项目包含了使用另一个软件包创建的项目,那么编辑该项目时须使用该软件包。无论使用什么编程设备来操作该项目或库,STEP7都会显示完成该操作所需要的软件包及其版本。

（5）管理多语言文本。STEP7 可以做到:导出在某个项目中以一种语言创建的文本、翻译该文本、重新导入文本,并以译文显示该文本。

（6）导出。导出所选择对象下的所有块和符号表。为每个文本类型创建导出文件。文件包含源语言栏和目标语言栏。源语言文本不得改变。

（7）导入。在导入期间,目标语言栏(右边的栏)的内容会集成到所选择的对象中。只有其源文本(被导出的文本)匹配"源语言"栏中已有文本的译文才会被接受。

（8）改变语言。当改变语言时,可以在项目导入期间指定的所有语言中选择。"标题和注释"的语言改变只适用于所选择的对象。"显示文本"的语言改变总是适用于整个项目。

（9）重新组织。在重新组织期间,语言会改变为当前设置的语言。当前设置语言是选作"未来块的语言"。重新组织只影响标题和注释。

4.6.4　西门子 PLC 主要应用领域

近年来 PLC 性能价格比不断提高,其应用领域也在不断扩大。在国内外 PLC 已广泛应用于冶金、建材、机械制造、电力、汽车、轻工、石油、化工和环保等各行各业。PLC 的应用范围大致归纳为如下几个方面:

1) 运动控制

大多数 PLC 都有拖动步进电机或伺服电机的单轴或多轴位置控制模块。这一功能广泛用于各种机械设备,如对各种机床、装配机械、机器人等进行运动控制。

2) 开关量逻辑控制

利用 PLC 最基本的逻辑运算、定时、计数等功能实现逻辑控制,可以取代传统的继电器控制,用于单机控制、多机群控制、生产自动线控制等,例如机床、注塑机、印刷机械、装配生产线、电镀流水线及电梯的控制等。这些既是 PLC 最基本的应用,也是 PLC 最广泛的应用领域。

3) 通信联网

PLC 的通信包括 PLC 与 PLC、PLC 与上位计算机、PLC 与其他智能设备之间的通信,PLC 系统与通用计算机可直接通过通信处理单元、通信转换单元相连构成网络,以实现信息的交换,并可构成“集中管理、分散控制”的多级分布式控制系统,满足工厂自动化(FA)系统发展的需要。

4) 过程控制

大型 PLC、中型 PLC 都具有多路模拟量 I/O 模块和 PID 控制功能,有的小型 PLC 也具有模拟量输入输出。所以 PLC 可实现模拟量控制,而且具有 PID 控制功能的 PLC 可构成闭环控制,用于过程控制。这一功能已广泛用于锅炉、反应堆、水处理、酿酒以及闭环位置控制和速度控制等方面。

5) 数据处理

现代的 PLC 都具有数学运算、数据传送、转换、排序和查表等功能,可进行数据的采集、分析和处理,同时可通过通信接口将这些数据传送给其他智能装置,如计算机数值控制(CNC)设备,进行处理。

4.7　三菱 PLC 及其应用

4.7.1　三菱 PLC 硬件系统

4.7.1.1　三菱 PLC 系列产品类型和技术性能

三菱 PLC 采用一类可编程的存储器,用于其内部存储程序,执行逻辑运算、顺序控制、定时、计数与算术操作等面向用户的指令,并通过数字或模拟输入/输出控制各种类型的机械或生产过程。三菱 PLC 系列产品类型包括如下:

1) FX1S 系列

FX1S 系列是一种集成型小型单元式 PLC,且具有完整的性能和通信功能等扩展性。如果考虑安装空间和成本,它是一种理想的选择。

2) FX1N 系列

FX1N 系列是三菱电机推出的功能强大的普及型 PLC,具有扩展输入输出,模拟量控制、通信、链接功能等扩展性,是一款广泛应用于一般场合的顺序控制三菱 PLC。

3) FX2N 系列

FX2N 系列是 FX 家族中最先进的系列。其具有高速处理及可扩展性能大量满足单个需要的特殊功能模块等特点,为工厂自动化应用提供最大的灵活性和控制能力。

4) FX3U 系列

FX3U 系列为 FX2N 替代产品。

5) FX3G 系列

FX3G 系列是三菱第三代 PLC,定位功能设置简便(最多三轴),基本单元左侧最多可连接 4 台 FX3U 特殊适配器。

6) Q 系列

Q 系列属于大型 PLC,可以满足各种复杂的控制需求。

4.7.1.2 三菱 PLC 系列基本单元和扩展单元

以三菱 FX 系列 PLC 为例介绍其基本单元和扩展单元。三菱 FX 系列 PLC 的硬件包括基本单元、扩展单元、扩展模块、模拟量输入输出模块、各种特殊功能模块及外部设备等。

1) FX 系列 PLC 的基本单元

基本单元是构成 PLC 系统的核心部件,内有 CPU、存储器、I/O 模块、通信接口和扩展接口等。三菱 FX 系列 PLC 有众多子系列,现以 FX0S、FX2N 两个子系列为例加以介绍。

(1) FX0S 系列的基本单元。FX0S 系列功能简单、价格便宜,适用于小型开关控制系统,它只有基本单元,没有扩展单元。其基本单元见表 4-47。

表 4-47 FX0S 系列的基本单元

型 号				输入点数	输出点数
AC 电源 100～240 V		DC 电源 24 V			
继电器输出	晶体管输出	继电器输出	晶体管输出		
FX0S-10MR-001	FX0S-10MT	FX0S-10MR-D	FX0S-10MT-D	6	4
FX0S-14MR-001	FX0S-14MT	FX0S-14MR-D	FX0S-14MT-D	8	6
PX0S-20MR-001	FX0S-20MT	FX0S-20MR-D	FX0S-20MT-D	12	8
FX0S-30MR-001	FX0S-30MT	FX0S-30MR-D	FX0S-30MT-D	16	14
		FX0S-14MR-D12		8	6
		FX0S-30MR-D-12		16	14

FX0S 容量为 800 步,有 20 条基本指令,两条步进指令,35 种 50 条功能指令。

FX0S 编程元件包括 500 多点辅助继电器,64 点状态寄存器,56 点定时器和一个模拟定时器,有 16 个 16 位的计数器及 4 点 1 相 7 kHz 或 1 点 2 相 32 位高速加/减计数器,61 点 16 位数据寄存器,还有 64 点转移用跳步指针及 4 点中断指针。

(2) FX2N 系列的基本单元。FX2N 系列是 FX 家族中最先进的 PLC 系列,FX2N 基本单位有 16/32/48/65/80/128 点,六个基本 FX2N 单元中的每一个单元都可以通过 I/O 扩展单元扩充为 2 561/0 点,其基本单元见表 4-48。

表 4 - 48　FX2N 系列的基本单元

型　　号			输入点数	输出点数	扩展模块可用点数
继电器输出	可控硅输出	晶体管输出			
FX2N - 16MR - 001	FX2N - 16MS	FX2N - 16MT	8	8	24～32
FX2N - 32MR - 001	FX2N - 32MS	FX2N - 32MT	16	16	24～32
FX2N - 48MR - 001	FX2N - 48MS	FX2N - 48MT	24	24	48～64
FX2N - 64MR - 001	FX2N - 64MS	FX2N - 64MT	32	32	48～64
FX2N - 80MR - 001	FX2N - 80MS	FX2N - 80MT	40	40	48～46
FX2N - 128MR - 001		FX2N - 128MT	64	64	48～46

　　FX2N 具有丰富的元件资源,有 3 072 点辅助继电器。提供了多种特殊功能模块,可实现过程控制和位置控制。有多种 RS - 232C/RS - 422/RS - 485 串行通信模块或功能扩展板支持网络通信。FX2N 具有较强的数学指令集,使用 32 位处理浮点数。具有方根和三角几何指令,可满足数学要求很高的数据处理。

　　2) FX 系列 PLC 的 I/O 扩展单元

　　FX 系列具有较为灵活的 I/O 扩展功能,可利用扩展单元及扩展模块实现 I/O 扩展。FX0N 系列共有三种扩展单元,见表 4 - 49。

表 4 - 49　FX0N 系列的三种扩展单元

型号	总 I/O 数目	输入			输出	
		数目	电压	类型	数目	类型
FX0N - 40ER	40	24	24 V 直流	漏型	16	继电器
FX0N - 40ET	40	24	24 V 直流	漏型	16	晶体管
FX0N - 40ER - D	40	24				

4.7.1.3　三菱 PLC 内部结构与配置

　　通用型三菱 PLC 的硬件基本结构如图 4 - 32 所示,它是一种通用的 PLC,主要由中央处理单元(CPU)、存储器、输入/输出(I/O)模块、电源和编程器组成。

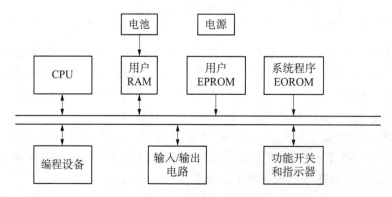

图 4 - 32　通用型三菱 PLC 的硬件基本结构

主机内各部分之间均通过总线连接。总线分为电源总线、控制总线、地址总线和数据总线。各部件的作用如下：

1）中央处理单元（CPU）

三菱 PLC 的 CPU 与通用微机的 CPU 一样，是 PLC 的核心部分，它按 PLC 中系统程序赋予的功能，接收并存储从编程器键入的用户程序和数据；用扫描方式查询现场输入装置的各种信号状态或数据，并存入输入过程状态寄存器或数据寄存器中；诊断电源及 PLC 内部电路工作状态和编程过程中的语法错误等；在 PLC 进入运行状态后，从存储器中逐条读取用户程序，经过命令解释后，按指令规定的任务产生相应的控制信号，去启闭有关的控制电路；分时、分渠道地去执行数据的存取、传送、组合、比较和变换等动作，完成用户程序中规定的逻辑运算或算术运算等任务；根据运算结果，更新有关标识位的状态和输出状态寄存器的内容，再由输出状态寄存器的位状态或数据寄存器的有关内容实现输出控制、制表打印、数据通信等功能。以上这些都是在 CPU 的控制下完成的。PLC 常用的 CPU 主要采用通用微处理器、单片机或双极型位片式微处理器。

2）存储器

存储器（简称"内存"）用来存储数据或程序。它包括随机存取存储器（RAM）和只读存储器（ROM）。

三菱 PLC 配有系统程序存储器和用户程序存储器，分别用以存储系统程序和用户程序。系统程序存储器用来存储监控程序、模块化应用功能子程序和各种系统参数等，一般使用 EPROM；用户程序存储器用作存放用户编制的梯形图等程序，一般使用 RAM，若程序不经常修改，也可写入 EPROM 中；存储器的容量以字节为单位。系统程序存储器的内容不能由用户直接存取。因此一般在产品样本中所列的存储器型号和容量，均是指用户程序存储器。

3）输入/输出（I/O）模块

I/O 模块是 CPU 与现场 I/O 设备或其他外部设备之间的连接部件。PLC 提供了各种操作电平和输出驱动能力的 I/O 模块供用户选用。I/O 模块要求具有抗干扰性能，并与外界绝缘。因此，多数都采用光电隔离回路、消抖动回路、多级滤波等措施。I/O 模块可以制成各种标准模块，根据输入、输出点数来增减和组合。I/O 模块还配有各种发光二极管来显示各种运行状态。

4）电源

三菱 PLC 配有开关式稳压电源的电源模块，用来给 PLC 的内部电路供电。

5）编程器

编程器用作用户程序的编制、编辑、调试和监视，还可以通过其键盘去调用和显示 PLC 的一些内部状态和系统参数。它经过接口与 CPU 联系，完成人机对话。

编程器分为简易型和智能型两种。简易型编程器只能在线编程，它通过一个专用接口与 PLC 连接。智能型编程器即可在线编程又可离线编程，还可以远离 PLC 插到现场控制站的相应接口进行编程。智能型编程器有许多不同的应用程序软件包，功能齐全，适应的编程语言和方法也较多。

4.7.2 三菱 PLC 指令系统

4.7.2.1 基本逻辑指令

1）位指令（表 4-50）

表 4 - 50   位指令

记号	称号	功能	记号	称号	功能
LD	取	a 触点的逻辑运算开始	ANDP	与脉冲上升沿	检测上升沿的串联连接
LDI	取反	b 触点的逻辑运算开始	ANPF	与脉冲下降沿	检测下降沿的串联连接
LDP	取脉冲上升沿	检测上升沿的运算开始	OR	或	并联 a 触点
LDF	取脉冲下降沿	检测下降沿的运算开始	ORI	或反转	并联 b 触点
AND	与	串联 a 触点	ORP	或脉冲上升沿	检测上升沿的并联连接
ANI	与反转	串联 b 触点	ORF	或脉冲下降沿	检测下降沿的并联连接

(1) LD 指令。为从母线取用常开触点指令。LDI 指令是从母线取用常闭触点指令;在分支回路的开头处,它可以与 ANB 指令配合使用。LDI 指令为取反指令,与 LD 电路之前的运算结果取反。

(2) AND 指令。用来串联常开触点的指令,它可将前边的逻辑运算结果和该指令所指定的编程元件相"与"。AND 指令用来串联常闭触点的指令,也就是把 ANI 指令所指定的编程元件内容取反,再与运算前的结果进行逻辑"与"操作。

(3) OR 指令。用来并联常开触点的指令,它可将前边的逻辑运算结果与该指令所指示的编程元件进行逻辑"或"操作。ORI 指令用来并联常闭触点的指令,也就是把 ORI 指令所指示的编程元件内容取反,再与运算前的结果进行逻辑"或"操作。

2) 输出指令

见表 4 - 51。

表 4 - 51   输出指令

记号	称号	功能
OUT	输出	线圈驱动
SET	置位	动作保持
RST	复位	解除保持的动作,清除当前值及寄存器
PLS	上升沿脉冲	上升沿微分输出
PLF	下降沿脉冲	下降沿微分输出

4.7.2.2   基本控制指令

(1) 结合指令见表 4 - 52。

表 4 - 52   结合指令

记号	称号	功能	记号	称号	功能
ANB	回路块与	回路块的串联连接	MPP	存储出栈	弹出堆栈
ORB	回路块或	回路块的并联连接	INV	反转	运算结果的反转
MPS	存储器进栈	压入堆栈	MEP	MEP	上升沿时导通
MPD	存储读栈	读取堆栈	MEF	MEF	下降沿时导通

（2）主控指令见表 4 - 53。

表 4 - 53　主控指令

记号	称号	功能	记号	称号	功能
MC	主控	连接到公共触点	MCR	主控单元	解除连接到公共触点

（3）其他指令见表 4 - 54。

表 4 - 54　其他指令

记号	称号	功能
NOP	空操作	无处理

（4）结束指令见表 4 - 55。

表 4 - 55　结束指令

记号	称号	功　能
END	结束	程序结束以及输入输出处理和返回

4.7.2.3　常用高级指令

常用高级指令见表 4 - 56。

表 4 - 56　常用高级指令

记号	功　能	记号	功　能
REF	输入输出刷新	HSZ	区间比较（高速计数器用）
REFF	输入刷新	SPD	脉冲密度
MTR	矩阵输入	PLSY	脉冲输出
HSCS	比较置位（高速计数器用）	PWM	脉宽调制
HSCR	比较复位（高速计数器用）	PLSR	带加减速的脉冲输出

4.7.3　三菱 PLC 特殊功能及功能模块

当前 PLC 功能模块大致可分为 A/D、D/A 转换类，温度测量与控制类，脉冲计数与位置控制类，网络与通信类这四大类。功能模块的品种与规格，根据 PLC 型号与模块用途的不同而不同。

4.7.3.1　三菱 PLC 的特殊功能及指令

1）FROM 指令

FROM 指令的作用是将特殊功能模块缓冲存储器（BFM）的内容读入 PLC 中，它包括 X0 指令和 DFROMP 指令。指令中各元件、操作数代表的意义依次如下：

X0：指令执行启动条件，当 X0 为"1"时，执行本指令。启动触点可以是输入 X＊＊、输出 Y＊＊、内部继电器 M＊＊等。

DFROMP：指令代码，其中 FROM 为基本指令代码，代表特殊功能模块缓冲存储器阅读指令，带"＊"的前缀 D 与后缀 P 可以根据情况选择使用，可有可无，前缀 D 表示 32 位操作指令，后缀 P 代表触点上升沿驱动。各种组合所代表的意义如下：

(1) FROM(无前缀 D 与后缀 P)：利用触点 X0 启动的 16 位数据阅读指令。

(2) DFROM(有前缀 D,无后缀 P)：利用触点 X0 启动的 32 位数据阅读指令。

(3) FROMP(无前缀 D,有后缀 P)：利用触点 X0 的上升沿启动的 16 位数据阅读指令。

(4) DFROMP(有前缀 D,有后缀 P)：利用触点 X0 的上升沿启动的 32 位数据阅读指令。

2) TO 指令

TO 指令的作用是将 PLC 中指定的内容写入特殊功能模块缓冲存储器中，它包括 X0 指令和 DTOP 指令。指令中各元件、操作数代表的意义依次如下：

X0：指令执行启动条件。

DTOP：指令代码，其中 TO 为基本指令代码，代表特殊功能模块缓冲存储器写入指令，前缀 D 表示 32 位操作指令，后缀 P 代表触点上升沿驱动。

4.7.3.2　三菱 PLC 的功能模块

FX 系列 PLC 的功能模块主要以 FX2N 为主，可以使用特殊模块的型号、名称与功能见表 4－57。

表 4－57　FX2N 系列 PLC 特殊功能模块一览表

类别	型号	名称	功能	备注
A/D、D/A 转换模块	FX2N－2AD	模拟量输入扩展模块	扩展 2 点模拟量输入	
	FX2N－2DA	模拟量输入扩展模块	扩展 2 点模拟量输出	
	FX2N－4DA	模拟量输入扩展模块	扩展 4 点模拟量输出	
	FX2N－5A	4 输入/1 输出模拟量模块	4 输入/1 输出模拟量输出	
温度测量与调节模块	FX2N－4AD－PT	温度传感器模块	4 点输入，PT100 型	
	FX2N－2LC	温度调节模块	2 点输入	
	FX2N－4AD－TC	温度传感器模块	4 点输入，热电偶性	
	FX2N－2LC	温度调节模块	2 点输入	

（续表）

类别	型号	名称	功能	备注
高速计数位置控制模块	FX2N‑1HC	高速计数模块	扩展 2 点模拟量输出	
	FX2N‑10PG	脉冲输出模块	单轴，2 相高速脉冲输出	
	FX2N‑1RM‑E‑SET	转角检测模块	检测转动角度	
网络与通信功能模块	FX2N‑16CCL‑M	CC‑Link 主站模块	PLC 网络通信用	单独安装的扩展单元，详见 PLC 网络与通信章节
	FX2N‑32CCL	CC‑Link 接口模块	PLC 网络通信用	
	FX2N‑16LNK‑M	MELSEC‑I/OLink 主站模块	连接远程 I/O 模块	
	FX2N‑32ASI‑M	AS‑i 主站模块	连接现场执行传感器	
	FX2N‑232IF	RS‑232 通信模块	RS‑232 通信	
	FX2N‑16NP	M‑NET/MINI 通信模块	M‑NET/MINI 通信	光缆
	FX2N‑16NT‑S3	M‑NET/MINI‑S3 通信模块	M‑NET/MINI‑S3 通信	双绞线
	FX2N‑16NP‑S3	M‑NET/MINI‑S4 通信模块	M‑NET/MINI‑S4 通信	光缆
	FX2N‑232‑BD	内置式 RS‑232 通信扩展板	用于 PLC 与外部设备间的 RS‑232 接口通信	安装于基本单元的扩展功能板
	FX2N‑485‑BD	内置式 RS‑485 通信扩展板	用于 PLC 与外部设备间的 RS‑485 接口通信	
	FX2N‑422‑BD	内置式 RS‑422 通信扩展板	用于 PLC 与外部设备间的 RS‑422 接口通信	
	FX2N‑CNV‑BD	特殊适配器	连接 FXON 系列 PLC 的通信适配器	

1）模拟量输入模块

模拟量输入模块用于将温度、压力、流量等传感器输出的模拟量电压或电流信号，转换成数字信号供 PLC 基本单元使用。

FX2N 系列 PLC 的模拟量输入模块主要有 FX2N‑2AD 型 2 通道模拟量输入模块、FX2N‑4AD 型 4 通道模拟量输入模块、FX2N‑4AD‑PT 型 4 通道热电阻传感器用模拟量输入模块、FX2N‑4AD‑TC 型 4 通道热电偶传感器用模拟量输入模块等。

2）模拟量输出模块

模拟量输出模块主要用于将 PLC 运算输出的数字信号，转换为可以直接驱动模拟量执行器的标准模拟电压或电流信号。

FX2N 型 PLC 的模拟量输出模块主要有 FX2N-2DA 型 2 通道模拟量输出模块、FX2N-4DA 型 4 通道模拟量输出模块等。

3）过程把握模块

过程把握模块用于生产过程中模拟量的闭环把握。使用 FX2-2LC 过程把握模块可以实现过程参数的 PID 把握。FX2-2LC 模块的 PID 把握程序由 PLC 生产厂家设计并存储在模块中,用户使用时只需设置其缓冲寄存器中的一些参数,使用格外便利,一般用于大型的过程把握系统中。

4）脉冲输出模块

脉冲输出模块可以输出脉冲串,主要用于对步进电机或伺服电机的驱动,实现多点定位把握。与 FX2N 系列 PLC 配套使用的脉冲输出模块有 FX2N-1PG、FX2N-10GM、FX2-20GM 等。

5）高速计数器模块

利用 FX2N 系列 PLC 内部的高速计数器可进行简易的定位把握,对于更高精度的点位把握,可接受 FX2N-1HC 型高速计数器模块。高速计数器模块 FX2N-1HC 是适用于 FX2N 系列 PLC 的特殊功能模块。利用 PLC 的外部输入或 PLC 的把握程序,可以对 FX2N-1HC 计数器进行复位和启动把握。

6）可编程凸轮把握器

可编程凸轮把握器 FX2N-IRM-SET 是通过主要旋转角传感器 F7-720-RSV,实现高精度角度、位置检测和把握的专用功能模块,可以代替机械凸轮开关,实现角度把握。

4.7.3.3　三菱 PLC 的通信与网络

通信功能在不同的 PLC 系统中有所区别,并与协议和 PLC 间的连接形式有关。以三菱 Q 系列 PLC（模块 QJ71C24）为例,三种数据交换方式的功能根据通信连接方式的不同有所区别,具体见表 4-58。

表 4-58　三菱 PLC 的通信功能

专用协议通信				
项　目	通信连接方式			
	1：1 连接	n：1 连接	1：n 连接	m：n 连接
PLC 程序的读写	0	0	0	0
PLC 编程元件的读写	0	0	0	0
特殊功能模块缓冲存储器读写	0	0	0	0
PLC 远程运行、停止控制	0	0	0	0
PLC CPU 监控	0	0	×	×
响应要求的功能	0	×	×	×
全局化功能	0	0	0	0
通过 MELSEC 访问其他 PLC	0	0	0	0

（续表）

无协议通信

项 目	通信连接方式			
	1 : 1 连接	n : 1 连接	1 : n 连接	1 : n 连接
任意格式的数据发送/接收	0	0	0	0
使用用户帧格式进行数据的发送/接收	0	0	0	0
PLC CPU 监控	0	×	×	×
通过中断程序读取接收到的数据	0	0	0	0
ASCⅡ/HEX 代码转化	0	0	0	0

双向协议通信

项目	通信连接方式			
	1 : 1 连接	n : 1 连接	1 : n 连接	m : n 连接
数据发送/接收	0	×	×	×
通过中断程序读取接收到的数据	0	×	×	×
ASCⅡ/HEX 代码转化	0	×	×	×

注："0"表示有此功能，"×"表示无此功能。

4.7.3.4 三菱编程软件的使用

1) 软件概述

PLC 编程软件大部分情况下不通用，不同品牌的 PLC 编程软件不通用。三菱 PLC 的 Q 系列、L 系列、FX 系列（除 FX5U 外）都可以用 GX Works2，如图 4-33 所示。初学者可以先学三菱 FX 系列，其比较容易入门，在入门后可以进阶去学中型 PLC、大型 PLC。三菱 FX 系列采用 GX Works2 自带仿真软件。

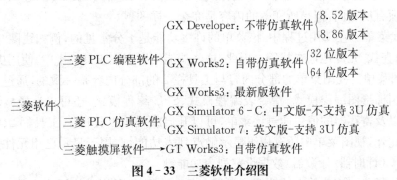

图 4-33 三菱软件介绍图

FX-GP/WIN-C 是三菱公司用于 FX 系列 PLC 的编程软件，该软件可在 Windows3.1 及 Windows95/98 等操作系统下运行。

FX-GP/WIN-C 软件具有以下功能：

（1）脱机编程。可以在计算机上通过专用软件采用梯形图、指令表及 SFC 顺序功能图来创造 PLC 程序。另外，编程后可进行语法检查、双线圈检查、电路检查，并提示错误；对编程元件、程序块、线圈进行注释等操作。

（2）文件管理。对所编程的程序可作为文件进行保存，这些文件的管理与 Windows 中其他文件的管理完全一致，可以进行复制、删除、重命名和打印等操作。

（3）程序传输。通过专用的电缆、接口，将计算机与 PLC 建立起通信连接后，可实现程序的读入和写出。

（4）运行监控。PLC 与计算机建立通信后，计算机可对 PLC 进行监控，实现观察各编程元件 ON/OFF 的情况。

2）操作环境

运行 FX‐GP/WIN‐C 软件计算机的最低配置为：CPU：80486 以上；内存：8 MB（推荐16 MB 以上）；分辨率：800×60 016 色；操作系统：MS‐DOS（MS‐DOS）、Windows3.1、Windows95/98/2000 等。

3）操作界面

FX‐GP/WIN‐C 软件的操作界面，由下拉菜单、工具栏、编程区、状态栏、功能键、功能图等部分组成。

（1）下拉菜单。下拉菜单按功能分为"文件""编辑""工具"等 11 个功能区，软件的所有功能均能在下拉菜单中找到。但在实际使用过程中，下拉菜单的使用频率不高，而且很多常用的功能在工具栏中都可以找到。因此，下拉菜单只是作为工具栏必要的补充和延伸。

（2）文件菜单。这部分内容包括文件新建、打开、保存、打印及显示最近打开几个文件等，因为这部分内容与其他软件相类似，所以在此不再赘述。

（3）编辑菜单。剪切、复制、粘贴、删除、撤销等功能与其他软件是完全一样的。但是在这里，软件新增了一些功能。在梯形图编程模式下，编辑菜单增加了线圈注释、程序块注释、元件注释、元件名等功能。在指令表编程模式下，编辑菜单中增加的则是 NOP 覆盖/写入、NOP 插入、NOP 删除。

（4）工具菜单。在梯形图编程模式下，工具菜单中涵盖了各种触点、线圈、功能指令、连线以及全部清除、转换功能。在指令表编程模式下，工具菜单中仅有全部清除、指令表两个功能键，但是打开指令表对话框，可以找到所有的触点、线圈、功能指令等。尽管在两种模式下该菜单显示的选项有所不同，但是所涵盖的内容是完全一样的。

（5）查找菜单。在使用过程中，该菜单的许多功能是十分常见的，例如线圈/触点查找、元件查找、指令查找、元件地址查找等。因此，这些功能均罗列在工具栏 1 中，使用更简单。

（6）视图菜单。视图菜单的部分内容与工具栏 2 的部分内容是一致的，通过该菜单，用户可以选择使用梯形图编程模式、指令表编程模式、SFC 编程模式，还可以选择显示注释、显示注释的类型以及寄存器的值。通过该菜单，可以开启或关闭工具栏 1、工具栏 2、状态栏、功能键、功能图，此外，视图菜单中还有用于显示触点列表功能键、用于显示已用元件列表功能键、用于显示 T/C（计时器/计数器）数据设定列表功能键。

（7）PLC 菜单。该菜单中的功能主要是在 PC 与 PLC 通信时使用。较常用的有传送（用于程序的写入与读出）、实时图控的开启与停止、端口设置、串行口设置等。

（8）监控/测试菜单。当与 PLC 连接进行在线调试时，该菜单可提供程序监控、元件监控、强制 Y 输出、强制 ON/OFF 等功能。这些功能在现场调试时常使用。

（9）选项菜单。该菜单提供了程序检查、参数设置、口令设置、PLC 类型设置和串行口设置等功能。程序检查功能主要进行语法检查、双线图检查、线路检查，检查完毕后显示结果，提示错误。

（10）窗口菜单和帮助菜单。窗口菜单可选择已打开窗口的布局类型，可水平、垂直、顺序排列以方便编程，实现编程者使用时在各种编程模式下自由切换。帮助菜单提供了该软件的版本信息及简单的使用说明。

（11）工具栏。由下拉菜单"视图""监控测试"中常用的功能组成。其结构特点、使用与工具栏完全相同。

（12）梯形图编程区。梯形图以其直观、简洁、通俗易懂等特点为大部分编程人员所采用。因此，对梯形图编程区作为典型进行说明：左侧粗实线为母线，母线左侧数字为程序序号，编程区中蓝色实心阴影区为当前选定的操作区域，该操作区域为元件写入、删除位置或连线的写入、删除位置。

4.8 其他系列 PLC 简介

4.8.1 台达 PLC

4.8.1.1 台达 PLC 系列机型特点

目前，台达 PLC 有 ES、ES2、ES2 - C、EX、EX2、SS、SS2、EH3、EC3、SA2、SX2、SV2、SE、AH500、PM、MC 等系列。各系列机型均有如下特点，可满足不同控制要求：

（1）ES 系列性价比较高，可实现顺序控制。

（2）EX 系列具备数字量和模拟量 I/O，可实现反馈控制。

（3）SS 系列外形轻巧，可实现基本顺序控制。

（4）EH 系列采用了 CPU ＋ ASIC 双处理器，支持浮点运算，指令最快执行速度达 $0.24\,\mu s$。

（5）EC 系列是内置高速计数器，可以高速脉冲输出的经济基本型主机。

（6）SA 系列内存容量 8 ksteps，运算能力强，可扩展 8 个功能模块。

（7）SX 系列具有 2 路模拟量输入和 2 路模拟量输出，并可扩展 8 个功能模块。

（8）SV 系列外形轻巧，采用了 CPU ＋ ASIC 双处理器，支持浮点运算，指令最快执行速度达 $0.24\,\mu s$。

（9）SE 系列是业界最完整的通信型主机，其处理速度为 LD：$0.46\,\mu s$，MOV：$2\,\mu s$。

（10）AH500 系列为模块化的中型 PLC，应用于高端产业机械与系统整合的智能解决方案。

（11）PM 系列可实现两轴直线/圆弧差补控制，最高脉冲输出频率达 $500\,kHz$。

（12）MC 系列完美呈现对精准运动的快速控制，通过高速总线（CANopen）可控制高达 16 轴的运动。

4.8.1.2 台达 PLC 软件编程

台达 PLC 的程序编写主要有以下两种：

（1）程序书写器。程序书写器又称手持编程器（DVPHPP02），可进行程序的输入、修改、插入及删除等操作。以前在工作现场，用程序书写器可以方便地修改 PLC 控制程序，但目前由于笔记本电脑的发展，无论在设计室还是工作现场都可以采用计算机软件来实现 PLC 编程。

（2）WPLSoft 编程软件。使用 WPLSoft 编程软件可在计算机上将梯形图程序输入 PLC，完成编程。WPLSoft 编程软件可在台达的官方网站（www.deltagreentech.com.cn）下载,免费使用。

4.8.1.3　台达 PLC 特点

台达 PLC 及其有关的外围设备都是按易于与工业控制系统形成一个整体,易于扩展其功能的原则而设计。台达 PLC 以高速、稳健、高可靠度而著称,广泛应用于各种工业自动化机械。台达 PLC 除了具有快速执行程序运算、丰富指令集、多元扩展功能及高性价比等特色外,并且支持多种通信协议,使工业自动控制系统连成一个整体。为适应工业环境使用,与一般控制装置相比较,台达 PLC 有以下特点,即按硬件和软件两大措施保证控制设备的可靠性。

1) 硬件模块

主要模块均采用大规模或超大规模集成电路,大量开关动作由无触点的电子存储器完成,I/O 系统设计有完善的通道保护和信号调理电路。

(1) 屏蔽。对电源变压器、CPU、编程器等主要部件,采用导电、导磁良好的材料进行屏蔽,以防外界干扰。

(2) 滤波。对供电系统及输入线路采用多种形式的滤波,如 LC 或 π 型滤波网络,以消除或抑制高频干扰,也削弱了各种模块之间的相互影响。

(3) 电源调整与保护。对微处理器这个核心部件所需的 +5 V 电源,采用多级滤波,并用集成电路调整器进行调整,以适应交流电网的波动和过电压、欠电压的影响。

(4) 隔离。在微处理器与 I/O 电路之间,采用光电隔离措施,有效隔离 I/O 接口与 CPU 之间电路的联系,减少故障和误动作;各 I/O 接口之间亦彼此隔离。

(5) 采用模块式结构。这种结构有助于在故障情况下短时修复。一旦查出某一模块出现故障,能迅速更换,使系统恢复正常工作;同时也有助于加快查找故障原因。

2) 软件模块

(1) 故障检测。软件定期地检测外界环境,如掉电、欠电压、锂电池电压过低及强干扰信号等。以便及时进行处理。

(2) 信号保护与恢复。当偶然发生故障条件出现时,不破坏 PLC 内部的信息。一旦故障条件消失,就可恢复正常,继续原来的程序工作。所以,PLC 在检测到故障条件时,立即把现状态存入存储器,软件配合对存储器进行封闭,禁止对存储器的任何操作,以防存储信息被冲掉。

(3) 设置警戒时钟 WDT(俗称"看门狗")。如果程序每次循环执行时间超过了 WDT 规定的时间,预示了程序进入死循环,立即报警。

(4) 加强对程序的检查和校验。一旦程序有错,立即报警,并停止执行。

(5) 对程序及动态数据进行电池后备。停电后,利用后备电池供电,有关状态及信息就不会丢失。

4.8.2　信捷 PLC

4.8.2.1　信捷 PLC 的分类

信捷 PLC 拥有 XC 系列(包括六大子系列及其扩展模块)、XD 系列(包括五大子系列及其扩展模块)、E 系列(包括 XE3 系列 PLC 及其扩展模块)、XL3 系列(薄型)和 XG1 系列(中型)等,具体如下:

1) XC 系列

XC 系列包括 XC1(经济型)、XC2(基本型)、XC3(标准型)、XC5(增强型)、XCM(运动型)、XCC(高性能)及其相应的扩展模块,另有特殊用模拟量本体等专用机型。XC 系列 PLC 可根据客户要求有多种组合产品型号可选,14～60 点本体 I/O 点,PNP/NPN 型输入,继电器/晶体管/继电器晶体管混合输出,AC/DC 电源。

2) XD 系列

XD 系列包括 XD2(基本型)、XD3(标准型)、XD5(增强型)、XDM(运动控制型)、XDC(运动控制型)及其相应的扩展模块和扩展通信 BD 板。XD 系列 PLC 可根据客户要求有多种组合产品型号可选,16～60 点本体 I/O 点,PNP/NPN 型输入,继电器/晶体管/继电器晶体管混合输出,AC/DC 电源。

3) XL3 系列

XL3 系列是信捷推出的一款新型超薄 PLC,其特点如下:①超薄外观、小巧实用,适应各种工业环境;②兼容性优越;③最多支持 10 个扩展模块;④性价比突出;⑤节省安装空间。

4) XG1 系列

XG1 系列是信捷最新款的模块化中型 PLC,目标直指国内高端市场。它的强大特点如下:①超强运动控制支持功能;②CPU 处理速度全面提升;③可靠性更高;④新增以太网口通信,方便快捷、功能强大,适应性更强。

4.8.2.2　信捷不同系列 PLC 的性能指标

1) XC 系列

(1) XC1 系列(控制点数:10/16/24/32)。小点数的控制系统,适用于一般性的应用场合,功能相对简易,可完成逻辑控制、数据运算等一般功能。

(2) XC2 系列(控制点数:10/16/24/32/42/48/60)。具备一般数据处理、高速计数、高速脉冲输出、通信等功能,更快的处理速度,相当于 XC3 系列的 2 倍,部分寄存器稍少,能满足大多数用户需求,不可外扩模块,但可接 BD 板实现温度等控制(14/16/42 点除外)。

(3) XC3 系列(控制点数:14/24/32/42/48/60)。XC 系列中的标准机型,功能齐全,除具有一般数据处理功能外,还具有高速计数、高速脉冲输出、通信、PWM 脉宽调制、频率测量、精确定时和中断等功能,支持扩展模块和 BD 板的连接(14 点不支持任何扩展,42 点不支持 BD板),可满足各种使用要求。

(4) XC5 系列(控制点数:24/32)。除具备 XC3 的全部功能外,还支持 4 轴脉冲输出、扩展模块和 BD 板的连接等功能,内部资源空间也更大。

(5) XCM 系列(控制点数:60)。可实现 10 轴脉冲输出,同时支持普通 PLC 的绝大部分功能,如高速计数、中断、PID 控制等,不支持扩展模块,但支持 BD 板的连接。

(6) XCC 系列(控制点数:24/32)。更快的指令处理速度,最多可支持 5 路脉冲输出、5 路AB 相高速计数支持基本的运动控制指令,可实现两轴联动、插补、随动和坐标转换等功能,也支持普通 PLC 的绝大部分功能,包括高速脉冲输出、高速计数、中断和 PID 控制等,支持扩展模块和 BD 板的连接。

2) XD 系列

(1) XD2 系列(控制点数:16)。XD 系列中的基本机型,功能基本齐全,除具有基本的数据处理功能外,还支持高速脉冲输出、高速计数、通信、脉宽调制、频率测量、精确定时和中断等功能,具有更快的处理速度(大约是 XC 系列的 12 倍),能满足基本需求,但不支持外接扩展模块、BD 板、扩展 ED。

(2) XD3 系列(控制点数:16/24/32/48/60)。XD 系列中的标准机型,功能齐全,除具有一般的数据处理功能外,还具有高速计数、高速脉冲输出、标配时钟、通信(Modbus RTU/ASCⅡ)、脉宽调制、频率测量、精确定时和中断等功能,具有更快的处理速度(大约是 XC 系列的 12 倍),所有机型都支持扩展模块(10 个)、BD 板(1～2 块)和左扩展模块(1 块)的连接,可满足各种使用需求。

(3) XD5 系列(控制点数:24/32/48/60)。除具备 XD3 系列的全部功能外,具有更快的处理速度(大约是 XC 系列的 15 倍),具有更大的内部资源空间。本体带有串口、一个 USB 下载口,所有机型都支持扩展模块(16 个)、BD 板(1～2 块)和左扩展模块(1 块)的连接。

(4) XDM 系列(控制点数:24/32/48/60)。支持基本的运动控制指令,可实现两轴联动、插补、随动等功能,可实现 4 轴脉冲输出,最多支持 10 轴脉冲输出,同时支持标准型 PLC 的几乎全部功能,如高速计数、中断、PD 控制等,具有更快的处理速度(大约是 XC 系列的 15 倍),可插 SD 卡用于存储数据,本体带有一个串口、一个 USB 下载口(支持高速下载、监控,速度可达 12 M),所有机型都支持扩展模块(16 个)、BD 板(1～2 块)和左扩展模块(1 块)的连接。

(5) XDC 系列(控制点数:24/32/48/60)。具有更快的处理速度(大约是 XC 系列的 15 倍),支持浮点运算,最多可支持 2 路脉冲输出,4 路 AB 相高速计数,同时支持标准型 PLC 的几乎全部功能,如高速计数、中断、PD 控制等,所有机型都支持扩展模块(16 个)、BD 板(1～2 块)和左扩展模块(1 块)的连接,可插 SD 卡用于存储数据,本体带有两个串口、支持运动控制总线,同时通过总线控制 20 个轴运行。

(6) XD 系列扩展模块。现在有左扩展和右扩展两种,当本体 I/O 点数无法满足使用需求时,可以使用 I/O 扩展模块来扩展点数;模拟量扩展模块可以对信号进行 D/A 或 A/D 转换,并可以接收、处理温度变送器信号;称重扩展模块可以将称重传感器的模拟量信号转换成数字量;MA 系列远程扩展模块采用 RS‐485 通信接口,基于标准 Modbus:通信协议,可以连接 PLC、触摸屏、一体机及其他支持 Modbus 协议的设备,适用于温度、流量、液位和压力等过程控制系统。

(7) XD 系列扩展通信 BD 板。XD 现可扩展三种通信 BD 板,有 RS‐485 光纤接口,支持 X‐NET 总线通信功能;另可扩展 RS‐232 接口。

4.8.2.3　信捷 PLC 特点

1) 下载保密

信捷 PLC 具有普通下载与密码下载,还拥有独特的保密下载功能,用户不管通过什么方法都无法上传 PLC 程序,产权保护作用显著。

2) 注释添加

可以将程序分成若干段注释,使每段程序作用一目了然,其优越性在程序上体现得尤其明显,可对每个软件进行注释,即方便用户阅读和理解其他人的程序,也方便编程者长时间阅读自己的程序。

3) I/O 点数自由切换

使用过程中,如果需要更换输入输出端子或输入输出端子损坏时,通过 I/O 端口自由切换功能无须修改程序,使工作更加方便、快捷和高效。

4) C 语言功能块

支持几乎所有的 C 语言函数,在涉及复杂的数学运算时 C 语言的优势更加明显;该功能除增强了程序的保密性(无论何种方式下载,C 语言部分程序都无法上传),还可进行多处调用和不同文件的调用,大大提高了编程人员的效率。

5）PD 功能块

直接配置功能块免去了通过 MOV 等指令在 PD 运算前，将目标温度、采样时间等参数写入指定寄存器，并写出 PD 指令的麻烦，使参数设定更加简单、直观且不易出错。

6）脉冲配置功能块

直接配置功能块免去了通过 MOV 指令将脉冲频率、脉冲个数和加减速时间等参数写入指定寄存器，并减少写出不同脉冲指令的麻烦，使参数设定更加简单、直观、不易出错。

7）高速计数功能块

用于 24 段高速计数中断的配置，避免了通过 MOV 指令将各个段的预置值写入相应寄存器，简单、直观、不易出错。

4.8.2.4　信捷 PLC 系统构成及外围设备

1）系统构成

图 4 - 34 是根据 XD/XL 系列 PLC 的基本配置而构筑的系统结构图（以 XL 系列 PLC 举例说明），通过该图，可大致了解 PLC 和外围设备、扩展设备等的连接情况，以及各个 PLC 通信、连接、扩展口的典型应用。

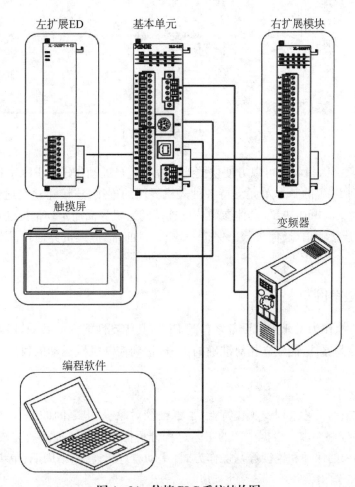

图 4 - 34　信捷 PLC 系统结构图

2）外围设备

XD 系列、XL 系列 PLC 的基本单元涉及多种外围设备。典型的外围设备包括计算机和人机界面等。

（1）软件界面。在编程软件中，可实现对 PLC 写入或上传程序、实时监控 PLC 的运行、配置 PLC 等功能。将编程软件"信捷 PLC 编程工具软件"安装到 PC 机之后，使用 USB 下载线或编程电缆，通过基本单元的 USB 口、COM0、COM1 口或 RJ45 口，均可实现 PLC 与编程软件的连接。软件界面如图 4－35 所示。

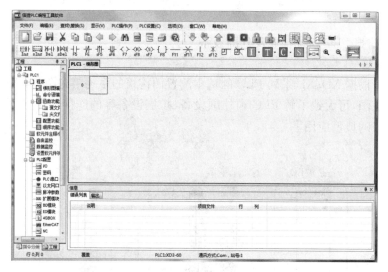

图 4－35　软件界面图

（2）人机界面。人机界面可以方便快捷地将操作人员的动作送达 PLC，PLC 再执行该动作。XD/XL 系列 PLC 的基本单元支持各种人机界面的连接，连接建立在通信协议一致的基础上，一般可通过 Modbus 协议，具体参数依据连接的人机界面而定。信捷公司的人机界面可直接与基本单元连接通信（通信参数已保持一致）。目前，信捷人机界面产品分为触摸屏 TG、TH 系列、文本显示器 OP 系列。

4.9　PLC 典型案例

在工业领域中，作为工业控制设备之首的 PLC，其优良性能人所共知，PLC 的应用较为普遍，它属于电气控制器件，能建立相对准确的信号，达到控制机械运动的目的。PLC 的应用总结如下：

1）分析被控对象

分析被控对象的工艺过程及工作特点，了解被控对象机、电之间的配合，确定被控对象对 PLC 控制系统的控制要求。根据生产的工艺过程分析控制要求。如需要完成的动作（动作顺序、动作条件、必须的保护和连锁等）、操作方式（手动、自动、连续、单周期、单步等）。

2）确定输入/输出设备

根据系统的控制要求，确定系统所需的输入设备（如按钮、位置开关、转换开关等）和输出设备（如接触器、电磁阀、信号指示灯等）。据此确定 PLC 的 I/O 点数。

3）选择 PLC

包括 PLC 的机型、容量、I/O 模块、电源的选择。

4）分配 I/O 点

分配 PLC 的 I/O 点，画出 PLC 的 I/O 端子与输入/输出设备的连接图或对应表。可结合第 2）步进行。

5）设计软件及硬件

进行 PLC 程序设计，控制柜（台）等硬件及现场施工。由于程序与硬件设计可同时进行，因此 PLC 控制系统的设计周期可大大缩短。对于继电器系统，则必须先设计出全部的电气控制电路后，才能进行施工设计。其中硬件设计及现场施工步骤如下：①设计控制柜及操作面板电器布置图及安装接线图；②设计控制系统各部分的电气互连图；③根据图纸进行现场接线，并检查。

6）联机调试

联机调试是指将模拟调试通过的程序进行在线统一调试。

7）整理技术文件

将完成的全部技术文件归档处理，方便后续快速查阅或移交。

下面给出一个基于信捷 PLC 的不锈钢管涡流探伤设备检测控制案例，设备如图 4‑36 所示。

(a) 设备整体组成

(b) PLC 主控台

图 4‑36　不锈钢管涡流探伤设备检测控制

探伤设备组成包括上料架、检测台、下料架。上料架实现对钢管自动上料,检测台实现对钢管的探伤,下料架实现对检测后的钢管进行自动分拣下料。

该案例所涉及的自动化检测设备工作流程描述如下:待检测不锈钢管整齐摆放在上料架上,由检测设备自动依序单根上料,进入快速转动的检测轨道,钢管在轨道带动下完全穿过涡流检测设备,涡流检测设备实时将检测结果以开关量信号方式通知PLC,检测控制系统依据检测结果自动对检测完成的不锈钢管分拣下料,缺陷管或优良管分别进入不同的料仓。

(1)控制要求。结合HMI触摸屏,实现不锈钢管的自动上料、探伤、下料,其中下料分拣根据涡流检测结果执行。

(2)I/O端口分配功能见表4-59。

表4-59 I/O端口分配功能

序号	输入地址	功能名称	序号	输出地址	功能名称
1	X0	上料传感器	7	Y0	轨道电机
2	X1	进料口传感器	8	Y1	检测仪器
3	X2	出料口传感器	9	Y2	上料气缸
4	X3	报警信号	10	Y3	下料气缸
5	X4	急停	11	Y4	分选气缸
6	X5	手动/自动切换	12	Y5	报警

(3)程序梯形图。检测控制程序如图4-37所示。

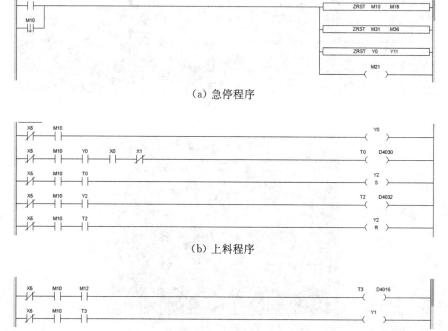

(a)急停程序

(b)上料程序

(c)检测程序

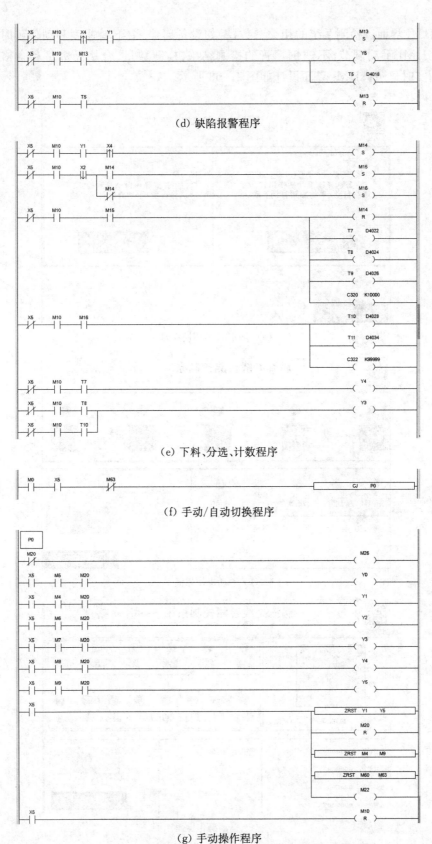

(d) 缺陷报警程序

(e) 下料、分选、计数程序

(f) 手动/自动切换程序

(g) 手动操作程序

图 4 - 37 检测控制程序

（4）HMI 界面。检测系统的相关参数，譬如设备启停、上下料速度和动作延时等相关参数均通过 HMI 手动调节，不锈钢钢管的检测结果、检测数量、合格品数量和合格率等均在 HMI 界面实时显示。HMI 界面设计如图 4－38 所示。

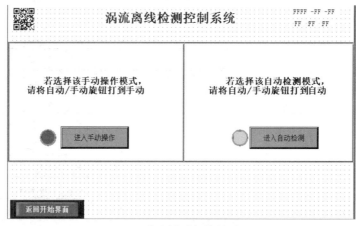

（a）手动/自动切换界面

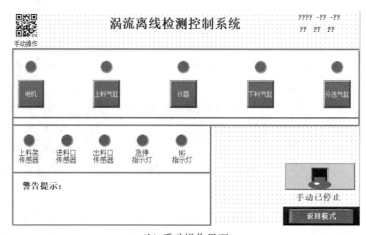

（b）手动操作界面

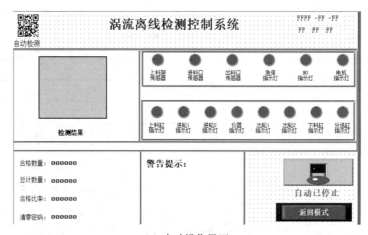

（c）自动操作界面

图 4－38　HMI 界面设计

参考文献

［1］ 陈立定,吴立香.电气控制与可编程控制[M].广州：华南理工大学出版社,2001.

［2］ 王永华.现代电气控制及 PLC 应用技术[M].北京：北京航空航天大学出版社,2003.

［3］ 龚仲华.三菱 FX/Q 系列 PLC 应用技术[M].北京：人民邮电出版社,2006.

思考与练习

1. PLC 有什么特点？

2. 一般来讲,PLC 对输入信号有什么要求？

3. 简述 PLC 的循环处理过程。

4. 从硬件配置上来看,PLC 主要由哪几部分组成？各部分主要作用是什么？

5. PLC 是按什么样的工作方式进行工作的？它的中心工作过程分哪几个阶段？在每个阶段主要完成什么控制任务？

第5章

PLC 电气控制系统设计方法

◎ **学习成果达成要求**

1. 了解 PLC 控制系统的设计流程。
2. 掌握基本控制系统单元的设计方法。
3. 掌握 PLC 控制系统的设计方法。
4. 掌握 PLC 检测系统的设计方法。
5. 掌握电气控制柜的设计方法。

本章主要介绍 PLC 控制系统设计涉及的基本问题,包括电气控制系统设计流程、控制系统功能定义、功能分解及求解方法、控制系统设计技术指标确定、电气控制系统设计的要求和步骤、控制系统功能定义和设计指标量化;还给出了电气控制单元设计方法、检测系统设计方法和控制系统设计方法。

5.1 PLC 控制系统设计基本问题

5.1.1 PLC 电气控制系统设计流程

电气控制系统设计就是根据电气控制要求,完成控制系统硬件设计、软件设计和控制柜设计。具体而言,就是要设计和编制出设备电气控制系统制造、使用和维护中的所有图纸和资料。尽管机电设备和电气设备的种类较多,其电气控制要求有差异,控制系统方案也有差别,但它们电气控制系统的设计原则和设计方法基本相同,主要包括:

(1)满足机电设备的生产工艺对电气控制系统的要求。

(2)设计方案合理,体现在性能价格比高、系统操控符合人机工程学原理、系统升级和维护维修方便。

(3)电气控制系统设计应该与机械系统设计同步进行;控制系统和机械系统功能分工应合理,应尽量避免采用复杂的机械传动机构,并尽可能缩短机械传动链。

(4)根据使用环境确定设备安全标准和规范,包括机械系统安全标准规范和电气系统安全标准规范,利用必要的技术手段,确保控制系统安全可靠运行。

PLC 控制系统作用是为保证每一个控制单元及整个系统按照既定的时序正常运行,提供控制方式、控制方法、控制策略以及相关的硬件和软件保障。控制系统中的控制单元主要包括步进电机控制单元、直流伺服电机控制单元、交流伺服电机控制单元、液压缸电-液比例/伺服控制单元、气缸电-气比例/伺服控制单元、阀门伺服控制单元和风机伺服控制单元等。根据控制单元的数量和类型,可以确定控制系统的结构,并依此构建小型 PLC 系统、中型 PLC 系统和大型 PLC 系统。PLC 控制系统设计流程如图 5-1 所示,图中控制系统的设计要求可能由第三方用户提出,也可能是由设计方根据市场需求提出。

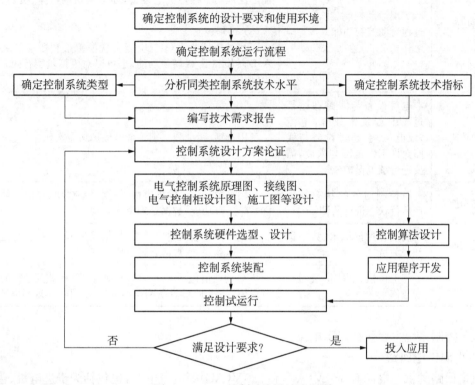

图 5-1 PLC 控制系统设计流程图

基于 PLC 的控制系统主要包括控制系统硬件、控制系统软件和控制柜三部分,它们都可以采用模块化的方法进行设计。控制系统设计要根据其使用环境条件,确定符合相关领域的设备设计和使用国家标准,如工业产品标准、建筑标准等。

5.1.2 PLC 控制系统功能定义、功能分解及求解

PLC 控制系统属于电气设备二次控制回路,其功能包括控制功能、保护功能、监测功能、测量功能以及通信功能,这些功能是利用 PLC 的运动控制功能模块、开关量逻辑控制功能模块、闭环过程控制功能模块、数据处理功能模块、通信功能模块来实现的。PLC 控制系统的功能及其实现方式见表 5-1。

表 5-1 PLC 控制系统的功能及其实现方式

功能类型	功能定义	实 现 方 式
控制功能	实现运动控制、生产工艺过程自动控制功能	(1) 开关量逻辑控制 PLC 的开关量模块提供的输入信号和输出信号都是只有通/断状态的开关量信号。仅有开关量控制功能的 PLC 可作为继电器控制系统的替代。开关量逻辑控制可以用于单台设备,也可以用于自动生产线的控制等

（续表）

功能类型	功能定义	实 现 方 式
控制功能	实现运动控制、生产工艺过程自动控制功能	（2）运动控制 PLC 一般拥有专用的运动控制模块，PLC 的运动控制功能广泛地用于各种机电设备，如金属切削机床、机器人、电梯等 （3）过程控制 PLC 的模拟量 I/O 模块能实现模拟量和数字量之间的 A/D 转换和 D/A 转换功能，也可以对模拟量实行闭环 PID 控制
保护功能	电气设备与线路在运行过程中若发生故障，电流（或电压）会超过设备与线路允许工作范围与限度，需要进行继电保护	利用自锁、闭锁和互锁等继电保护功能实现
监测功能	对控制对象的状态及生产运行状态进行监测	利用模拟量输入输出模块、数据采集模块、存储与处理功能数学运算功能、数据处理模块实现
测量功能	测量各种模拟量、数字量和开关量	利用模拟量输入输出模块、数据采集模块、存储与处理功能数学运算功能、数据处理模块实现
通信功能	与上位机、下位机之间实现通信	PLC 的通信包括 PLC 之间的通信，PLC 和其他控制设备的通信；一些 PLC 具备网络通信功能，可以实现网络控制

电气控制系统主要包括以下电路：

1）电源供电回路

供电回路的供电电源有 380 V（AC）和 220 V（AC）等交流电源，也包括为步进电机、普通直流电机、直流伺服电机及传感器等直流负载提供的直流电源。

2）保护回路

保护回路的工作电源有单相 220 V、36 V 或直流 220 V、24 V 等多种，对电气设备和线路进行短路、过载和失电压等提供各种保护。保护回路由熔断器、热继电器、失电压线圈、整流组件和稳压组件等保护组件组成。

3）信号回路

系统信号回路是能及时反映或显示设备和线路正常与非正常工作状态信息的回路，如不同颜色的信号指示灯、报警声响设备等。

4）自动与手动回路

电气设备为了提高工作效率，一般都设有自动控制环节，但在安装、调试及紧急事故的处理中，控制线路中还需要设置手动环节；通过组合开关或转换开关等实现自动与手动方式的切换。

5）制动停车回路

制动停止回路可以切断电路的供电电源，并采取相应的制动措施，使电机迅速停车，如能耗制动、电源反接制动、倒拉反接制动和再生发电制动等。

6）自锁及闭锁回路

启动按钮松开后，线路保持通电，电气设备能继续工作的电气环节叫自锁环节，如接触器的动合触点串联在线圈电路中,可以实现自锁。两台或两台以上的电气装置和组件,为了保证设备运行的安全与可靠,若要求只能一台通电启动,另一台不能通电启动的保护环节,叫闭锁环节。自锁和闭锁需要根据生产过程和工艺控制要求确定。

在进行 PLC 控制系统设计时,可按系统工程原理对产品进行功能分解,建立功能结构图即功能树。功能树起于总功能,末端为功能元。其中功能元是指组成总功能或分功能的具有确切功能的基本单元;在功能图中,前级功能是后级功能的目的功能,后级功能是前级功能的手段功能;同一层次的功能元组合起来,应能满足上一层功能的要求,最后合成的整体功能应能满足系统的所有要求。

对于 PLC 控制系统,其主要功能是控制功能,包括控制对象的位移、速度、加速度的控制要求以及生产工艺过程的控制要求。电梯控制是典型的 PLC 控制系统之一,从几层楼电梯直至上百层电梯都可以用 PLC 控制。电梯的运动功能,包括位置、速度、加减速控制、力控制要求等。根据电梯功能,按照功能分解原理,确定其功能树,如图 5-2 所示。

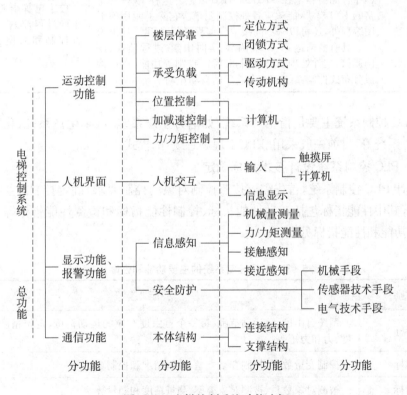

图 5-2　电梯控制系统功能分解

可以依据电梯的设计指标要求,利用功能求解的方法分解成若干分功能,直至功能元,从而确定技术方案。分功能的求解就是寻求完成分功能的技术实体,即功能载体。求解的过程是基于一定的技术原理,寻求实现该技术原理的技术手段和主要结构。功能求解的基本思路可以简明表达为:功能→工作原理→功能载体。

PLC 主要应用于现场设备控制,按照控制对象规模,即 PLC 的输入、输出点数,可以分为小型 PLC 系统、中型 PLC 系统及大型 PLC 系统。PLC 系统分类、特点及其应用见表 5-2。

表 5－2　PLC 系统分类、特点及其应用

PLC 类型	特　点	应用
小型 PLC 系统	输入、输出点数在 128 点以下,用户存储器容量在 2KB 以下。小型 PLC 适用于开关量控制场合,具有逻辑运算、计算、计时等功能,可以实现条件控制、定时、计数控制和顺序控制	电机、泵、伺服阀、电磁阀和阀门等的控制
中型 PLC 系统	输入/输出点数在 256～1 024 点之间,用户程序存储器容量在 2 KB。中型 PLC 除具有上述逻辑运算功能外,还有模拟量输入、输出、数据传输、数据通信等功能。这种 PLC 多采用模块化结构,用户可根据控制要求增加 I/O 模块,以及模拟量模块。可以完成既有开关量又有模拟量的复杂工业生产过程的自动控制	多层电梯控制、小型生产车间控制等
大型 PLC 系统	输入/输出点数在 1 024 点上,最多可达 8 192 点,用户程序存储器容量在 8 KB 或 8 KB 以上。这种 PLC 有丰富的 I/O 模块,能适应各种控制要求。它除了能用梯形图编程外,还可以采用高级语言编程,如 BASIC、C 语言等。具有数据运算、模块调节、实时中断、过程监控、联网通信、文件处理、远程控制和智能控制等功能,也可构成分布式控制系统或整个工厂的自动化网络	楼宇电梯群控、流程工业生产过程控制、汽车生产过程控制和大型仓储系统控制等

　　大型 PLC 控制系统主要是指生产系统,如电力生产系统、汽车生产系统、化工生产系统等、食品生产系统等,目前一般采用"PLC＋现场总线"的模式。

5.1.3　PLC 控制系统设计技术指标确定

　　为了设计 PLC 控制系统,首先需要按照控制对象的控制要求,确定控制系统的主要功能和性能指标,其中性能指标包括运动性能指标、控制性能指标和检测性能指标等。PLC 控制系统的主要功能和性能指标见表 5－3。

表 5－3　PLC 控制系统的主要功能和性能指标

功能类别	功能定义
运动性能指标	系统自由度、总运动范围、每一个自由度对应的运动范围、定位精度、速度、加速度、力和力矩等
控制性能指标	控制变量数量、控制变量类型、控制精度和控制算法等
检测性能指标	被测对象数量、被测对象类型、测量精度和测量算法
环保指标	环境排放达到相应的国家标准
人机工程学指标	人机工程特性反映了系统操控的便捷性和舒适性,以及对于人体工程学指标的适应性。人机工程学指标系统包括心理生理学指标、人体测量学指标和劳动保护指标
安全性指标	安全性是指免除不可接受风险影响的特性,包括系统在正常运行下的安全性(逻辑上的错误,又称功能安全)和故障下的安全性。安全控制系统中逻辑上的错误要杜绝;故障安全是指出现故障时设备应能导向安全状态。安全性以防止人身伤亡和财产损失为目的。安全性评价比较常用的是安全完整性等级(SIL),根据安全要求的不同,其共分为四个等级。如国内石化行业用的是 SIL3,铁路和轨道交通用的是 SIL4

(续表)

功能类别	功能定义
结果显示功能	测量结果和系统状态在计算机屏幕上显示
数据存储功能	测量数据存储格式、数据类型、数据存储方式
数据输出功能	输出数据格式、形式及测量不确定度
自诊断功能	开机自检、周期自检、故障提示
操作功能	设备操作方式(触摸屏、鼠标、键盘、操作手柄)、操作规范

5.1.4　电气控制系统设计的要求和步骤

电气控制系统设计分为电气原理设计和工艺设计。电气原理设计的主要任务是绘制电气原理图和选用电器元器件。工艺设计的目的是得到电气设备制造过程中需要的施工图样。电气控制系统中的图样类型和数量较多;工艺设计中主要包括电气设备总体配置图、电器元件布置图与接线图、控制面板布置图与接线图、电气箱以及主要加工零件(电器安装底板、控制面板等)。电气原理图及工艺图样均应按控制要求和相应的制图规范绘制,元件布置图应标注总体尺寸、安装尺寸和相对位置尺寸。接线图的编号应与原理图一致,要标注组件所有进出线编号、配线规格、进出线的连接方式(采用端子板或接插板)。

电气控制系统设计具体实施时,其基本内容是根据控制对象的运动要求或生产工艺要求,提出电气控制本身的技术指标,并设计和编制出设备电气控制系统制造、使用和维护中的所有图纸和技术资料。电气图纸主要包括电气原理图、电气安装图、电气接线图等。主要技术资料包括元器件清单,设备操作使用说明书,设备原理及结构、维修说明书等。

5.1.5　控制系统功能定义和设计指标量化

根据机电一体化系统中机械系统的控制要求,确定电气控制系统的主要技术参数、技术指标(指设备或产品的精度、功能等)和总体设计图要求。电气控制系统的主要技术参数和技术指标见表5-4。

表5-4　电气控制系统的主要技术参数和技术指标

技术参数类型	技术指标
规格参数	包括结构尺寸、规格尺寸
运动参数	指执行机构的运动范围、速度及调速范围、定位精度、速度和加速度约束等
动力参数	指机械系统中使用的动力源参数
性能参数	也称技术经济指标,它是控制系统性能优劣的主要依据,也是设计应达到的基本要求,包括生产率、加工质量、寿命、成本等
重量参数	包括整机重量、各主要部件重量、重心位置等

对于机电一体化系统,其机械系统中机构设计确定原动件的类型及技术参数,即为电气控制系统控制对象的类型及技术参数,见表5-5。

表 5-5　电气控制系统控制对象的类型及技术参数

控制对象		数量	技 术 参 数
控制电机	步进电机	i	最大负载转矩、负载转速范围、定位精度
	直流伺服电机	j	最大负载转矩、负载转速范围、定位精度
	交流伺服电机	k	最大负载转矩、负载转速范围、定位精度
普通交流电机(启停控制)		l	负载额定功率、额定转速、额定转矩
普通交流电机(调速控制)		m	负载额定功率、额定转速、额定转矩
普通直流电机(启停控制)		n	负载额定功率、额定转速、额定转矩
普通直流电机(调速控制)		o	负载额定功率、额定转速、额定转矩
液压缸		p	负载最大工作阻力、速度范围、定位精度
气缸		q	负载最大工作阻力、速度范围、定位精度
阀门		r	负载最大工作阻力、流量范围、定位精度
伺服泵		s	负载最大工作阻力、流量范围
普通泵		t	扬程、流量范围
电磁阀换向阀		u	控制电压/电流类型及大小
比例/伺服阀		v	控制电压/电流类型及大小
中间继电器		w	控制电压/电流类型及大小
接触器		x	控制电压/电流类型及大小
其他低压电器		y	控制电压/电流类型及大小

电气控制系统根据控制对象的类型确定控制信号的类型及控制方式见表 5-6。

表 5-6　电气控制系统控制对象的类型及控制方式

控制对象	数量	控制方式	控制信号及类型
步进电机	i	位置控制	脉冲、方向、使能
		速度控制	脉冲、方向、使能
直流伺服电机	j	转矩控制	模拟量
		位置控制	模拟量/脉冲
		速度模式	模拟量/脉冲
交流伺服电机	k	转矩控制	模拟量
		位置控制	模拟量/脉冲
		速度模式	模拟量/脉冲
普通交流电机(启停控制)	l	启停控制	模拟量
普通交流电机(调速控制)	m	调速控制	模拟量
普通直流电机(启停控制)	n	启停控制	模拟量

（续表）

控制对象	数量	控制方式	控制信号及类型
普通交流电机（调速控制）	o	调速控制	模拟量
液压缸	p	位置控制	模拟量
		速度控制	模拟量
		力控制	模拟量
气缸	q	位置控制	模拟量
		速度控制	模拟量
		力控制	模拟量
阀门	r	位置控制	模拟量
伺服泵	s	流量控制	模拟量
电磁换向阀	t	通断控制	模拟量
比例/伺服阀	u	流量控制	模拟量
中间继电器	v	电压/电流	模拟量
接触器	w	电压/电流	模拟量
其他低压电器	x	电压/电流	模拟量

　　根据电气控制系统的类型及生产工艺过程的运行状态监测要求，可以确定整个系统的运行状态参数。PLC控制系统运行状态参数见表 5-7。

表 5-7　PLC控制系统运行状态参数

信号名称	信号类型	数量	幅值
信号 1	模拟量/数字量	s_1	S_1
信号 2	模拟量/数字量	s_2	S_2
⋮	⋮	⋮	⋮
信号 k	模拟量/数字量	s_k	S_k

　　汇总所有上述控制变量，得到模拟量控制变量、脉冲量和开关量变量，见表 5-8～表 5-10。

表 5-8　模拟量控制变量

模拟量序号	模拟量名称	信号类型	信号幅值
模拟量 1	XX	电压信号/电流信号	A_1
模拟量 2	XX	电压信号/电流信号	A_2
⋮	⋮	⋮	⋮
模拟量 l	XX	电压信号/电流信号	A_n

表 5-9　脉冲量

脉冲量序号	脉冲量名称	频率	电平
脉冲量 1	YY	f_1	u_1
脉冲量 2	YY	f_2	u_1
⋮	⋮	⋮	⋮
脉冲量 m	YY	f_m	u_m

表 5-10　开关量变量

开关量序号	开关量名称	有　效
开关量 1	ZZ	高电平/低电平
开关量 2	ZZ	高电平/低电平
⋮	⋮	⋮
开关量 n	ZZ	高电平/低电平

　　PLC 控制系统需要根据运动或工艺要求确定系统控制对象的类型、数量和控制要求,其中控制要求包括行程、控制精度、速度和加速度等。如电梯控制系统,需要确定电梯的行程、定位精度和加减速控制等要求。

　　对于机电一体化系统,PLC 控制系统一般有精确的运动控制要求,需要精密的机械传动机构来实现执行机构和被测对象之间的相对运动。相对运动包括直线运动和旋转运动两种基本类型;所采用的控制电机包括步进电机和伺服电机两种类型,其特点及应用场合见表 5-11。

表 5-11　步进电机和伺服电机特点及应用场合

运动类型	传动方式	应用场合				
		定位精度	控制方式	运动速度	过载能力	成本
直线运动	步进电机＋减速器＋丝杠	较高	开环	中高速	无	较高
	伺服电机＋减速器＋丝杠	高	闭环	低速-高速	能承受 3 倍额定负载转矩	高
旋转运动	步进电机＋减速器	较高	开环	中高速	无	较高
	伺服电机＋减速器	高	闭环	低速-高速	能承受 3 倍额定负载转矩	高

　　控制电机及控制器的选型可以根据控制对象要求(开环/闭环)、定位精度和负载大小等指标,结合表 5-11,选择采用步进电机还是伺服电机。

　　选用直流伺服和交流伺服控制方式,要综合考虑负载的功率大小、扭矩、转速范围、定位精度、现场工作环境、成本和现场供电方式等因素。其中负载的功率和扭矩要根据负载的工作阻力(阻力矩)、转速范围来估算。

5.2 电气控制单元设计方法

普通交流电机、步进电机、直流伺服电机、交流伺服电机、泵、阀门和电磁阀等是电气控制系统的基本控制对象,分别以它们为中心,可以构成典型的电气控制系统单元(简称"控制单元")。

1) 步进电机控制单元

步进电机控制单元包括步进电机、步进电机驱动器、控制器(上位机、PLC 或 PC 机)、电机供电电源和驱动器供电电源等,如图 5-3 所示。

可以根据表 5-5 中工作负载的最大转矩、转速范围、定位精度等参数,确定步进电机的型号,其驱动器也可根据步进电机的型号确定(每种型号的步进电机均有推荐的驱动器型号)。在确定了伺服电机的控制模式后,需要确定控制器的类型。控制器可能是 PLC、PC 机、单片机或微控器,也可能是能满足驱动器控制信号输入要求的具有模拟量或数字量输出功能的专用控制器(卡)。

步进电机一般用于开环控制,但是考虑步进电机可能会"丢步",可以根据需要为该控制单元添加位移传感器,包括角位移传感器或线位移传感器。此外,控制系统单元可根据生产工艺需要检测其他参数。

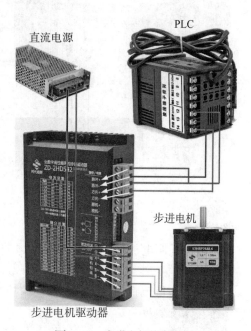

图 5-3 步进电机控制单元

可以将每个步进电机控制的控制参数、检测参数和电源参数汇总,步进电机控制系统技术参数见表 5-12。

表 5-12 步进电机控制系统技术参数

序号	控制模式	控制参数	检测参数	驱动器供电参数
步进电机 1	位置/速度	脉冲、方向、使能	位移、速度、加速度	DCXXV
步进电机 2	位置/速度	脉冲、方向、使能	位移、速度、加速度	DCXXV
⋮	⋮	⋮	⋮	⋮
步进电机 i	位置/速度	脉冲、方向、使能	位移、速度、加速度	DCXXV

2) 直流伺服电机控制单元

直流伺服电机控制单元包括直流伺服电机、直流伺服电机驱动器、编码器、控制器(上位机、PLC 或 PC 机)、电机供电电源、驱动器供电电源及编码器供电电源,如图 5-4 所示。

可以根据表 5-5 中工作负载的最大转矩、转速范围、定位精度等参数,确定直流伺服电机的型号,其驱动器也可根据直流伺服电机的型号确定(每种型号的伺服电机有推荐的驱动器型号)。在确定了伺服电机的控制模式后,控制器可能是 PLC、PC 机、单片机或微控器,也可能是能满足驱动器控制信号输入要求的具有模拟量或数字量输出功能的专用控制

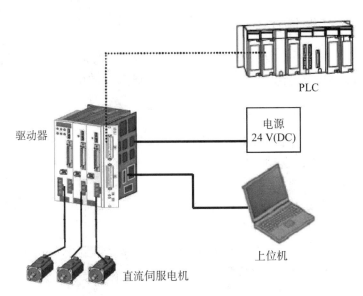

图 5 - 4　直流伺服电机控制单元

器(卡)。

　　直流伺服电机用于闭环控制,它本身带有编码器,用于检测电机的角位移;此外,控制系统单元可根据生产工艺需要检测其他参数。

　　可以将每个直流伺服电机控制的控制参数、检测参数和电源参数汇总,直流伺服电机控制系统技术参数见表 5 - 13。

表 5 - 13　直流伺服电机控制系统技术参数

序号	控制模式	控制参数	检测参数	驱动器供电参数
直流伺服电机 1	位置/速度/转矩	脉冲/模拟量、方向、使能	位移、速度、加速度	DCXX/380 V(AC)/220 V(AC)
直流伺服电机 2	位置/速度/转矩	脉冲/模拟量、方向、使能	位移、速度、加速度	DCXX/380 V(AC)/220 V(AC)
⋮	⋮	⋮	⋮	⋮
直流伺服电机 i	位置/速度/转矩	脉冲/模拟量、方向、使能	位移、速度、加速度	DCXX/380 V(AC)/220 V(AC)

　　3) 交流伺服电机控制单元

　　交流伺服电机控制单元包括交流伺服电机、交流伺服电机驱动器、编码器、控制器(上位机、PLC 或 PC 机)、电机供电电源、驱动器供电电源及编码器供电电源,如图 5 - 5 所示。

　　可以根据表 5 - 5 中工作负载的最大转矩、转速范围、定位精度等参数,确定交流伺服电机的型号,其驱动器也可根据交流伺服电机的型号确定(每种型号的伺服电机有推荐的驱动器型号)。在确定了伺服电机的控制模式后,控制器可能是 PLC、PC 机、单片机或微控制器,也可能是能满足驱动器控制信号输入要求的具有模拟量或数字量输出功能的专用控制器(卡)。

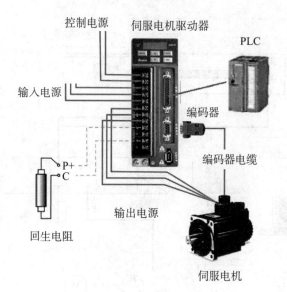

图 5 - 5   交流伺服电机控制单元

交流伺服电机用于闭环控制,它本身带有编码器,用于检测电机的角位移;此外,控制系统单元可根据生产工艺需要检测其他参数。

可以将每个交流伺服电机控制的控制参数、检测参数和电源参数汇总,交流伺服电机控制系统技术参数见表 5 - 14。

表 5 - 14   交流伺服电机控制系统技术参数

序号	控制模式	控制参数	检测参数	驱动器供电参数
交流伺服电机 1	位 置/速 度/转矩	脉 冲/模 拟 量、方向、使能	位 移、速 度、加速度	380 V(AC)/220 V(AC)
交流伺服电机 2	位 置/速 度/转矩	脉 冲/模 拟 量、方向、使能	位 移、速 度、加速度	380 V(AC)/220 V(AC)
⋮	⋮	⋮	⋮	⋮
交流伺服电机 i	位 置/速 度/转矩	脉 冲/模 拟 量、方向、使能	位 移、速 度、加速度	380 V(AC)/220 V(AC)

4) 液压缸电-液比例/伺服控制单元

液压缸电-液比例/伺服控制单元主要包括液压缸、比例/伺服阀、比例/伺服控制器(上位机、PLC 或 PC 机)、液压泵、液压管路和油箱,如图 5 - 6 所示。

液压缸可以用于闭环控制,根据其位置、速度和力控制要求,配置位移传感器、速度传感器和力传感器;此外,控制系统单元可能根据生产工艺需要检测其他参数。可以将每个液压缸电-液比例/伺服控制的控制参数、检测参数和电源参数汇总,液压缸电-液比例/伺服控制系统技术参数见表 5 - 15。

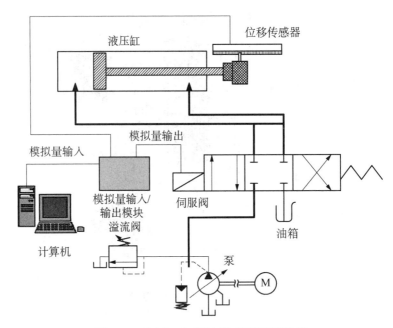

图 5 - 6 液压缸电-液比例/伺服控制单元

表 5 - 15 液压缸电-液比例/伺服控制系统技术参数

序号	控制模式	控制阀类型	控制参数	检测参数	液压泵供电参数
液压缸 1	位置/速度/力（力矩）	比例/伺服阀	电压/电流	位移、速度、加速度	380 V(AC)/220 V(AC)
液压缸 2	位置/速度/力（力矩）	比例/伺服阀	电压/电流	位移、速度、加速度	380 V(AC)/220 V(AC)
⋮	⋮	⋮	⋮	⋮	⋮
液压缸 i	位置/速度/力（力矩）	比例/伺服阀	电压/电流	位移、速度、加速度	380 V(AC)/220 V(AC)

5）气缸电-气比例/伺服控制单元

气缸电-气比例/伺服控制单元主要包括气缸、电-气比例/伺服阀、传感器、控制器、气动管路和空压机等，如图 5 - 7 所示。

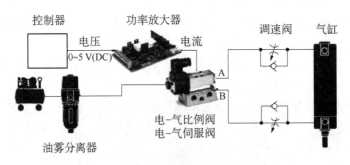

图 5 - 7 气缸电-气比例/伺服控制单元

气缸也可用于闭环控制,根据其位置、速度和力控制要求,配置位移传感器、速度传感器和力传感器;此外,控制系统单元可根据生产工艺需要检测其他参数。可以将每个气缸电-气比例/伺服控制的控制参数、检测参数和电源参数汇总,气缸电-气比例/伺服控制系统技术参数见表 5‑16。

表 5‑16　气缸电-气比例/伺服控制系统技术参数

序号	控制模式	控制阀类型	控制参数	检测参数	空压机供电参数
气缸 1	位置/速度/力(力矩)	比例/伺服阀	电压/电流	位移、速度、加速度	380 V(AC)/220 V(AC)
气缸 2	位置/速度/力(力矩)	比例/伺服阀	电压/电流	位移、速度、加速度	380 V(AC)/220 V(AC)
⋮	⋮	⋮	⋮	⋮	⋮
气缸 i	位置/速度/力(力矩)	比例/伺服阀	电压/电流	位移、速度、加速度	380 V(AC)/220 V(AC)

6) 阀门伺服控制系统

阀门开度可以由伺服电机、液压缸、气缸来控制,阀门伺服控制系统如图 5‑8 所示,阀门伺服控制系统技术参数见表 5‑17。

(a) 电动阀门执行器　　(b) 液压阀门执行器　　(c) 气阀门执行器

图 5‑8　阀门伺服控制系统

表 5‑17　阀门伺服控制系统技术参数

序号	控制模式	驱动方式	控制参数	检测参数	液压泵供电参数
阀门 1	位置(开度)	电机伺服/液压缸伺服/气缸伺服	参照伺服电机/液压缸伺服/气缸伺服	角位移	380 V(AC)/220 V(AC)
阀门 2	位置(开度)	电机伺服/液压缸伺服/气缸伺服	参照伺服电机/液压缸伺服/气缸伺服	角位移	380 V(AC)/220 V(AC)
⋮	⋮	⋮	⋮	⋮	⋮
阀门 i	位置(开度)	电机伺服/液压缸伺服/气缸伺服	参照伺服电机/液压缸伺服/气缸伺服	角位移	380 V(AC)/220 V(AC)

7）泵伺服控制系统

泵伺服控制系统如图 5-9 所示，泵伺服控制系统技术参数见表 5-18。

图 5-9　泵伺服控制系统

表 5-18　泵伺服控制系统技术参数

序号	控制模式	控制类型	控制参数	检测参数	液压泵供电参数
伺服泵 1	流量	直流伺服电机/交流伺服电机	参照直流伺服电机/交流伺服电机控制	位移、速度、加速度	DCXXV/380 V(AC)/220 V(AC)
伺服泵 2	流量	直流伺服电机/交流伺服电机	参照直流伺服电机/交流伺服电机控制	位移、速度、加速度	DCXXV/380 V(AC)/220 V(AC)
⋮	⋮	⋮	⋮	⋮	⋮
伺服泵 i	流量	直流伺服电机/交流伺服电机	参照直流伺服电机/交流伺服电机控制	位移、速度、加速度	DCXXV/380 V(AC)/220 V(AC)

8）普通直流电机控制系统

普通直流电机控制包括启停控制和调速控制两种模式，其控制技术参数见表 5-19。普通直流电机控制原理图如图 5-10 所示。

表 5-19　普通直流电机控制技术参数

序号	控制模式	控制方式	控制参数	电机供电参数
普通直流电机 1	启停/调速	继电器/接触器/调压模块	电压/电流	DCXXV
普通直流电机 2	启停/调速	继电器/接触器/调压模块	电压/电流	DCXXV
⋮	⋮	⋮	⋮	⋮
普通直流电机 i	启停/调速	继电器/接触器/调压模块	电压/电流	DCXXV

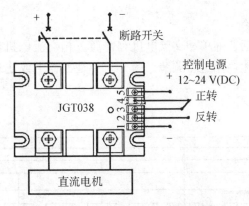

图 5-10　普通直流电机控制原理图

9）普通交流电机控制系统

普通交流电机控制包括启停控制和调速控制，其控制技术参数见表 5-20。对于普通单相电机，市场上有专用的调速控制模块；对于普通三相电机，一般采用变频器进行调速控制。图 5-11 为 PLC 控制单相电机启停控制原理图，图 5-12 为三相电机变频调速控制原理图。

表 5-20　普通交流电机控制技术参数

电机序号	控制模式	控制方式	控制参数	电机供电参数
普通交流电机 1	启停控制/调速控制	继电器/接触器/调速模块	电压/电流	380 V(AC)/220 V(AC)
普通交流电机 2	启停控制/调速控制	继电器/接触器/调速模块	电压/电流	380 V(AC)/220 V(AC)
⋮	⋮	⋮	⋮	⋮
普通交流电机 i	启停控制/调速控制	继电器/接触器/调速模块	电压/电流	380 V(AC)/220 V(AC)

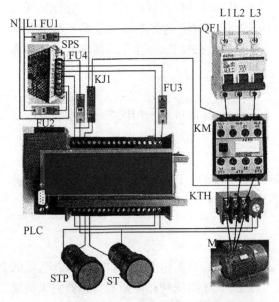

图 5-11　PLC 控制单相电机启停控制原理图

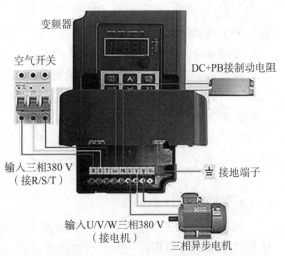

图 5-12　三相电机变频调速控制原理图

10）风机电气控制系统

风机由电机驱动,包括普通单相交流电机和普通三相交流电机。风速和流量是风机的主要参数,可以通过电机调速控制进行调节。图 5 - 13 是工程上或建筑物风机变频调速控制系统原理图。

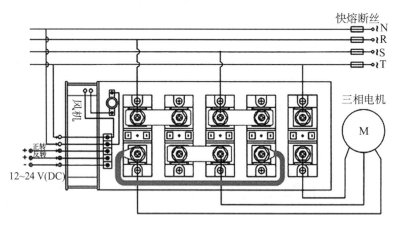

图 5 - 13　风机变频调速控制系统原理图

5.3　检测系统设计方法

PLC 控制系统中的检测系统是指连接输入和输出并具有特定功能的部分,它完成控制系统运行状态参数的检测及显示、故障报警,以及控制系统中控制参数的检测及反馈功能。检测系统一般由传感器、信号调理器、数据采集、信号处理、结果显示与存储等部分组成。

5.3.1　检测系统设计流程

在 PLC 控制系统中,检测系统的作用是为保证每一个控制单元(如步进电机控制单元、直流伺服电机控制单元、交流伺服电机控制单元、液压缸电-液比例/伺服控制单元、气缸电-气比例/伺服控制单元)及整个系统的正常运行提供必要的参数检测,这些参数可能是控制单元的运动参数,如位移、速度和加速度等;也可能是运动单元的状态参数,甚至是环境参数。这些参数的类型和数量可以在电气系统的设计阶段确定。

检测系统的设计流程如图 5 - 14 所示。

检测系统设计时,可以按照功能划分为若干个子模块,从而可以采用模块化的设计方法进行设计,以提升设计效率和实现系统功能升级。

5.3.2　检测系统设计

PLC 检测系统中,参数检测是通过 PLC 的输入量实现的。PLC 的输入量包括模拟量、脉冲量和开关量三类,每一种类型都需要根据每个对象的控制要求进行选择。

5.3.2.1　PLC 输入量概述

1）模拟量

控制系统中一些连续变化的物理量如电压、电流、压力、速度和流量等,可以通过 PLC 的模拟量模块进行检测。一般采用液位传感器、压力传感器、热电偶和热电阻等传感器完成检测任务。实际应用时,一般通过变送器,把非标准的电量变成标准的电信号,如 4～20 mA、1～

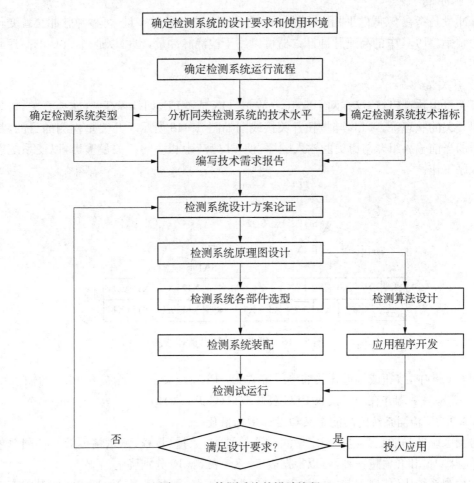

图 5 - 14 检测系统的设计流程

5 V、0～10 V 等,以满足 PLC 模拟量输入模块对输入的电流和电压信号的要求。

模拟量信号采集设备不同,设备线制也不同,可能采用二线制或三线制;接线方法也会有不同。PLC 与传感器接口形式如图 5 - 15 所示。

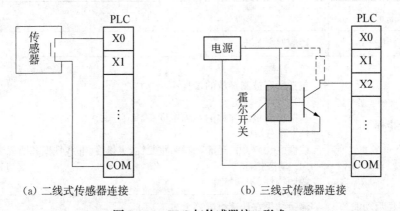

(a) 二线式传感器连接   (b) 三线式传感器连接

图 5 - 15 PLC 与传感器接口形式

2）脉冲量

脉冲量是指在 0（低电平）和 1（高电平）之间交替变化的数字量，每秒钟脉冲交替变化的次数称为频率。PLC 中的高速脉冲计数器可以用于检测脉冲量，也可以通过 PLC 的高速脉冲模块来实现。

3）开关量

开关量也称逻辑量，仅有两个取值，0 或 1、ON 或 OFF，如行程开关、转换开关、接近开关和拨码开关的状态等。PLC 与按钮开关接线图如图 5‑16 所示。开关量检测的目的，是根据开关量的当前输入组合与历史的输入顺序，使 PLC 产生相应的开关量输出，以使系统能按一定的顺序工作。

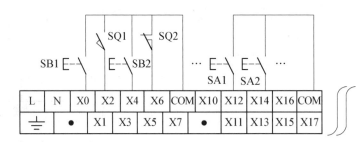

图 5‑16　PLC 与按钮开关接线图

图 5‑16 中，按钮或接近开关的接线方式为：PLC 开关量，一端接入 PLC 的输入端（X0、X1、X2 等），另一端并在一起接入 PLC 公共端口（COM 端）。

5.3.2.2　检测系统的功能定义和设计指标量化

检测系统的功能定义包括确定检测对象的种类、数量、量程、测量精度等。被测对象分为模拟量、脉冲量和开关量三种，可以根据表 5‑8～表 5‑10 分别确定。

在检测系统中，传感器起决定性作用。选择传感器，需要根据检测要求确定其静态指标和动态指标。传感器的静态指标主要包括线性度、迟滞、重复性、灵敏度、温度漂移和精度等；传感器的动态指标包括频率响应和阶跃响应。

为了设计检测系统，首先根据安装需求确定检测系统的主要功能和性能指标，见表 5‑21。

表 5‑21　检测系统的主要功能和性能指标

功能类别	功能定义
测量功能	被测对象类型
性能指标	（1）量程 包括所有被测参数的量程 （2）测量不确定度 包括所有被测参数的不确定度 （3）静态指标 线性度、分辨力、迟滞、漂移、重复性、灵敏度、非线性度和回程误差等 （4）动态指标 幅频特性、相频特性
测量结果显示功能	测量结果在计算机屏幕上显示

（续表）

功能类别	功　能　定　义
测量数据存储功能	测量数据存储格式、数据类型、数据存储方式
测量结果输出功能	输出数据格式、形式及测量不确定度
自诊断功能	开机自检、周期自检、故障提示
检测系统操作功能	设备操作方式(触摸屏、鼠标、键盘、操作手柄)、操作规范

可以根据表 5-8～表 5-10 确定控制系统运行状态参数模拟量控制变量、脉冲量和开关量控制变量。根据检测系统的性能指标确定被测量的类型、数量和技术指标,见表 5-22。

表 5-22　被测量的技术指标

被测量 y_1, y_2, $\cdots$, y_n	由检测系统设计要求给定
被测量类型	由检测系统设计要求给定,包括电参量、机械参量、热工量、磁参量等
y_1 技术指标	(1) R_M^1 -量程 (2) u_M^1 测量不确定度 (3) 静态指标 线性度 δ_{Mlin}^1;分辨力 δ_{Mres}^1;迟滞 δ_{Mlag}^1;漂移 δ_{Mdri}^1;重复性 δ_{Mrea}^1;灵敏度 δ_{Msee}^1;回程误差 δ_{Mhy}^1 (4) 动态指标 幅频特性 AFC_M^1;相频特性 PF^1C_M
y_2 技术指标	(1) R_{Mea}^2 -量程 (2) u_M^2 测量不确定度 (3) 静态指标 线性度 δ_{Mlin}^2;分辨力 δ_{Mres}^2;迟滞 δ_{Mlag}^2;漂移 $\delta 2_{Mdri}^1$;重复性 δ_{Mrea}^2;灵敏度 δ_{Mse}^2;回程误差 δ_{Mhy}^2 (4) 动态指标 幅频特性 AFC_M^2;相频特性 PFC_M^2
$\vdots$	$\vdots$
y_n 技术指标	(1) R_M^n -量程; (2) u_M^n 测量不确定度 (3) 静态指标 线性度 δ_{Mlin}^n;分辨力 δ_{Mres}^n;迟滞 δ_{Mlag}^n;漂移 δ_{Mdri}^n;重复性 δ_{Mrea}^n;灵敏度 δ_{Mse}^n;回程误差 δ_{Mhy}^n (4) 动态指标 幅频特性 AFC_M^n;相频特性 PF^nC_M

5.3.2.3　检测系统方案设计

确定每一个被测对象的计量单位和测量方法,以此为依据,确定测量传感器、信号调理器、I/O 接口类型、数据分析和处理算法。基于被测量的类型、数量和技术指标,也可以确定检测系统的结构和相关器件类型。

5.3.2.4　测量模型的确定

对于检测系统设计要求中的每一个被测量,其测量模型的确定要根据测量原理,决定采用直接测量或间接测量模式。对于直接测量,被测量可以由传感器的测量结果直接确定;对于间接测量,被测量 y 由若干个直接测量的值 x_1, x_2, $\cdots$, x_k 利用函数关系式 $y=f(x_1, x_2, \cdots, x_k)$ 通过运算获得,其测量模型为 $y=f(x_1, x_2, \cdots, x_k)$。由此,可以将检测系统设计要求中所有被测量的测量模型汇总,见表 5 - 23。

表 5 - 23　检测系统测量模型

检测系统被测量类型	测量模型	传感器直接测量参量
直接测量	$y_1 = x_1$	x_1
	$y_2 = x_2$	x_2
	$\vdots$	$\vdots$
	$y_m = x_m$	x_m
间接测量	$y_{m+1} = f_{m+1}(x_{m+1}^1, x_{m+1}^2, \cdots, x_{m+1}^p)$	$x_{m+1}^1, x_{m+1}^2, \cdots, x_{m+1}^p$
	$y_{m+2} = f_{m+1}(x_{m+2}^1, x_{m+2}^2, \cdots, x_{m+2}^q)$	$x_{m+2}^1, x_{m+2}^2, \cdots, x_{m+2}^q$
	$\vdots$	$\vdots$
	$y_n = f_n(x_n^1, x_n^2, \cdots, x_n^r)$	$x_n^1, x_n^2, \cdots, x_n^r$

5.3.2.5　检测系统硬件的确定

1) 传感器的确定

传感器需要根据检测系统的技术性能指标来确定,包括量程、静态指标(线性度、分辨力、迟滞、漂移、重复性、灵敏度、非线性度、回程误差)和动态指标(幅频特性、相频特性)。依据这些指标,首先确定每一个被测量所需要传感器的类型和型号。

2) 信号调理器的选择

信号调理器的两个最主要功能是信号电平转换(放大或衰减)和模拟滤波。其中的电平转换就是把传感器输出的电平信号转换到满足 A/D 转换要求的电平信号;当被测对象是动态信号时,可以根据被测对象的频率特性选择低通、高通、带通和带阻模拟滤波器。要根据所有传感器输出模拟信号的数量、幅值及频率特点,来确定信号调理器的型号。

3) ADC 的确定

要根据所有传感器输出信号的类型、数量、幅值、信号频率、精度、采样要求(同时采样/分时采样),确定 ADC 主要技术参数,包括量程、不确定度、信号极性、分辨率、带宽、最低有效位、采样率、采样保持、量化误差、微分线性度、增益误差、温度漂移、电源抑制比、信噪比和噪声系数,从而确定 ADC 的型号。

4) I/O 接口类型确定

可以根据所有检测对象的检测要求、数量,来确定 I/O 接口类型。

5.3.2.6　检测模型算法确定

测量模型是根据测量要求建立的数学模型,其种类也较多,一般可以分为量值获得模型、特征信息提取模型、统计分析模型和结果输出算法。

测量结果分为图形数据输出和非图形数据输出。图形数据包括波形图、频谱图、统计图等;非图形数据包括测量结果报告(包含统计数据、结果分析)等。图形数据输出包括静态图形数据输出和动态图形数据输出两种,需要设计非图形数据输出算法、静态非波形图输出算法和波形图输出算法。

检测系统测量总算法包括完成检测系统所有信号采集、信号处理和结果输出,其具体结构如图 5 – 17 所示。

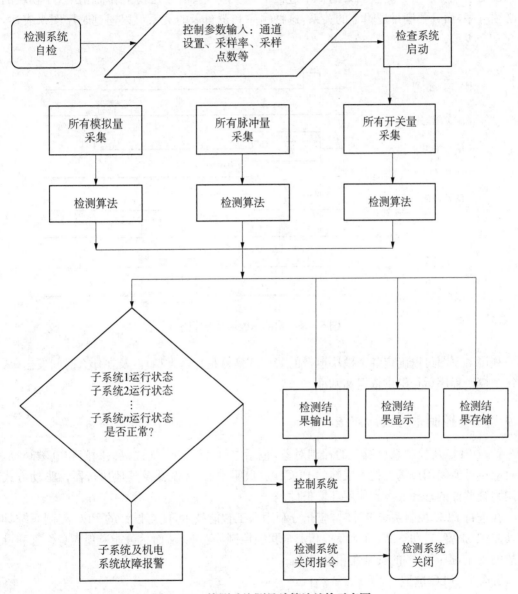

图 5 – 17 检测系统测量总算法结构示意图

"事件"和"触发"是检测系统程序有序运行的保障,其中"事件"是指程序运行中的某一"行为",如点击计算机桌面上控件"按钮"的行为、某一程序运行结束的"标识"等;而"触发"是指由某一"事件"的发生作为"依据",开始运行其他程序;如软件程序检测到"检测系统运行按钮"被点击这一事件后,去调用模数转换器(ADC)的动态链接库,从而启动 ADC;检测系统开机自检时发现错误报警,也是一种事件。算法中的"事件"和"触发"实际上决定了软件的控制流和数据流,其中控制流是指为完成数据采集、处理和结果显示而发出的"指令集",即程序的运行时序;数据流是指被测信号从传感器、ADC 进入计算机内存,以及数据在程序内及程序之间的流向。

5.3.2.7　检测系统运行时序的确定

检测系统从启动到测量结束的整个过程中,信号采集、信号处理和结果输出三个模块的运行必须有序,而且要满足逻辑上的关系,这种顺序和逻辑上的关系可以通过时序图来表达,如图 5 - 18 所示。

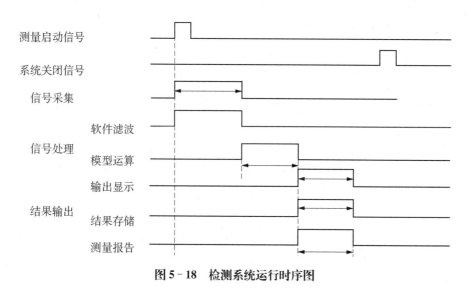

图 5 - 18　检测系统运行时序图

利用时序图可以确定各个模块运行的"触发"信号是什么类型,以及在什么时间发出,从而为每个模块程序运行提供依据和基准。

5.4　PLC 控制系统设计方法

针对 PLC 及控制系统所有的控制对象,包括电机、液压缸、气缸、泵、阀门和电磁阀等,选型时应尽可能使用市场上技术成熟的 PLC、电机、驱动器、控制器及其他执行器。驱动方式及控制系统器件的选择要考虑使用环境条件。

在进行 PLC 控制系统设计时,应充分利用人工智能技术,使得设计的 PLC 控制系统具有自动监控、报警、自动诊断、自动保护和安全联锁控制等功能,从而尽可能避免人身伤害和设备事故的发生,提高设备的安全性和可靠性。

5.4.1　PLC 选型

1) PLC 的选型及配置

PLC 的选型和配置方法如下:

(1) 确定所有控制对象所需要的输入、输出参数类型及数量。针对所有控制单元型,依据其控制信号类型、数量;针对系统所有检测参数,汇总其类型及数量,控制系统和系统状态参数见表 5 - 24。

表 5 - 24　控制系统和系统状态参数

设备名称	控制参数		状态参数		反馈参数	
	模拟量	数字量	模拟量	数字量	模拟量	数字量
控制单元 1						
控制单元 2						
⋮						
控制单元 n						
控制/检测参数合计	模拟量数量 A_c			数字量数量 D_c		
选型参数数量	模拟量数量 A_s			数字量数量 D_s		
	$A_s = [1 + (0.1 \sim 0.2)]A_c$			$D_s = [1 + (0.1 \sim 0.2)]D_c$		

（2）确定 PLC 所需要的输入和输出点数。由表 5 - 24 可以确定 PLC 须具备的模拟量和数字量的数量，从而可以确定 PLC 的输入和输出点数。

（3）PLC 存储容量估算。存储器容量是 PLC 能提供的硬件存储单元大小，而程序容量是存储器中用户应用程序使用的存储单元大小。在控制系统设计阶段，由于用户应用程序还未开发，程序容量尚无法准确确定，它需在程序调试之后才能最终确定。在设计阶段可以采用估算的方法确定存储容量 M，如下式所示：

$$M = 1.25(K_A A_s + K_D D_s) \tag{5-1}$$

式中，M 为总字数，16 位为一个字；A_s 为模拟量 I/O 总数，见表 5 - 24；$K_D = 10 \sim 15$；D_s 为数字量 I/O 总数，见表 5 - 24；$K_A = 100$。

（4）PLC 通信功能确定。PLC 系统的通信接口应包括串行和并行通信接口（RS - 2232C/422A/423/485）、RIO 通信口、工业以太网、常用 DCS 接口等；大中型 PLC 通信总线（含接口设备和电缆）一般按 1∶1 冗余配置，通信总线应符合国际标准，通信距离应满足装置实际控制要求。

PLC 系统的通信网络中，网络通信速率应大于 1 Mbps，通信负荷不大于 60%。PLC 系统的通信网络主要形式有：①以 PC 为主站，多台同型号 PLC 为从站，组成简易型 PLC 网络；②以 1 台 PLC 为主站，其他同型号 PLC 为从站，构成主从式 PLC 网络；③PLC 网络通过特定网络接口连接到大型 DCS 中作为 DCS 的子网；④专用 PLC 网络。

大中型 PLC 系统一般支持多种现场总线和标准通信协议（如 TCP/IP），需要时可与用户管理网（TCP/IP）相连接。

（5）编程方式及编程语言选择。编程方式有离线编程和在线编程两种方式。PLC 采用的编程语言包括顺序功能图（SFC）、梯形图（LD）、功能模块图（FBD）三种图形化语言以及语句表（IL）和结构文本（ST）两种文本语言。开发人员可以根据控制对象的数量和控制要求进行选择。对于简单的控制系统，可以采用梯形图编程；对于复杂的控制系统，可以采用文本语言进行编程。

（6）PLC 机型选择。PLC 按结构分为整体型和模块型两类；按应用环境分为现场安装和控制室安装两类；按 CPU 字长分为 1 位、4 位、8 位、16 位、32 位和 64 位等，通常可按控制功能或输入和输出点数进行选型。

整体型 PLC 的 I/O 点数固定,主要用于小型控制系统;模块型 PLC 提供多种 I/O 卡件或插卡,为用户合理地选择和配置控制系统的 I/O 点数提供了方便,而且模块型 PLC 的功能扩展更方便,一般用于大中型控制系统。

(7) I/O 模块选择。数字量输入输出模块和模拟量输入输出模块可以参照表 5 - 24 确定。

(8) 功能模块选择。根据控制要求,确定通信模块、定位模块、脉冲输出模块、PID 控制模块和计数模块等。

(9) 选择 PLC 类型及配置相关模块。目前市场上常用的 PLC 包括西门子 PLC、欧姆龙 PLC、三菱 PLC、永宏 PLC、台达 PLC 及和利时 PLC。每一种类型的 PLC 各有所长。可以根据表 5 - 24 中选型参数的数量(模拟量数量 A_s 和数字量数量 D_c)确定 PLC 的具体型号及相关模块。

2) PLC 外围设备选型

外部设备是 PLC 系统不可分割的一部分,它包括以下四类:

(1) 编程设备。包括简易编程器和图形化编程器。编程器是 PLC 开发应用、监测运行、检查维护不可缺少的器件,它不直接参与现场控制运行。编程器除了用于编程,还可对系统做一些设定,以确定 PLC 控制方式或工作方式。编程器还可监控 PLC 及 PLC 所控制系统的工作状况,以进行 PLC 用户程序的调试。

(2) 监控设备。包括数据监视器和图形监视器。除了不能改变 PLC 的用户程序,编程器的其他功能监控设备都具备。

(3) 存储设备。包括存储卡、存储磁带、软磁盘或只读存储器,用于永久性地存储用户数据,使用户程序不丢失,如 EPROM、EEPROM 写入器等。

(4) 输入输出设备。其用于接收信号或输出信号,一般有条码读入器、输入模拟量的电位器及打印机等。它用以接收信号或输出信号,便于与 PLC 进行人机对话。

5.4.2 电气控制原理图设计

确定电气控制系统的主电路和控制电路。电气控制系统中的主电路主要指动力系统的电源电路,它提供功率输出,是驱动负载的电路,一般包括总电源开关、电源保险、交流接触器和过流保护器等;控制电路一般指能够实现自动控制功能的电路,是为主电路提供服务的电路部分,比如启动电钮、关闭电钮、中间继电器和时间继电器等。

控制电路一般包括传感器或信号输入电路、触发电路、纠错电路、信号处理电路和驱动电路等。针对表 5 - 5 中的步进电机、直流伺服电机、交流伺服电机、普通交流电机、普通直流电机、液压缸、气缸、泵、风机、阀门、电磁阀和伺服阀等,确定其控制电路。主电路和控制电路是关联的。

PLC 电气控制系统设计思路是:控制系统参数确定→控制系统结构确定→控制单元设计→总原理图设计。

5.4.2.1 控制系统结构类型确定

根据所有控制对象的控制要求、类型及数量,可以确定 PLC 控制系统的结构类型。常见的类型包括基于 PLC 的控制系统、基于 PLC+上位机的控制系统和基于 PLC+现场总线的控制系统三类。

基于 PLC 的电气控制系统的典型结构如图 5 - 19 所示。当控制系统无大量数据需要处理时,可以 PLC 为总控制器,通过 PLC 的通信端口将机器人及外围设备与 PLC 相连,形成数据交换链路(通路),基于 PLC 的电气控制系统的典型实物如图 5 - 20 所示。

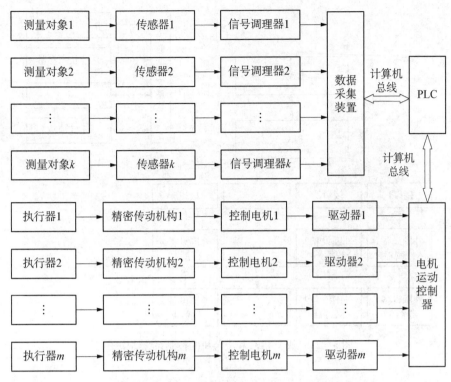

图 5‑19　基于 PLC 的电气控制系统的典型结构图

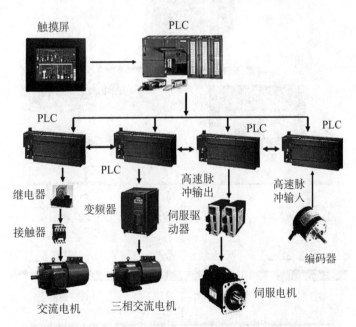

图 5‑20　基于 PLC 的电气控制系统的典型实物图

当控制系统有大量数据需要处理,但"控制对象"不多时,可以采用"工控机+PLC"的两级计算机控制方式。在这种控制方式中,工控机主要完成数据采集和处理以及系统状态监测功能;PLC通过其通信端口与相关的控制对象和检测对象相连,形成数据交换链路(通路),实现现场控制功能。这种控制系统的具体结构和实物分别如图 5‑21、图 5‑22 所示。

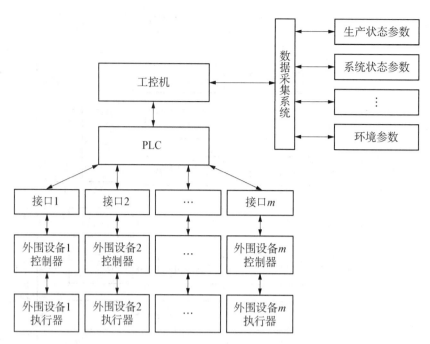

图 5 - 21　基于 PLC 和上位机的控制系统结构图

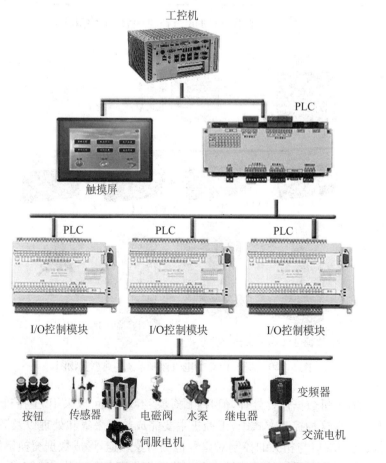

图 5 - 22　基于 PLC 和工控机的电气控制系统典型实物图

当控制系统有大量数据需要处理,同时"控制对象"较多、空间分布范围较大时,如果一个生产车间内有上百台(套)设备需要控制,那么可以采用"工控机＋现场总线＋PLC"的两级计算机控制方式。在这种控制方式中,工控机主要完成数据采集和处理以及系统状态监测功能;工业现场总线完成工控机与各 PLC 之间的通信功能;PLC 通过其通信端口将相关的外围设备相连,形成数据交换链路(通路),实现现场控制功能。这种控制系统的具体结构和实物分别如图 5 - 23、图 5 - 24 所示。

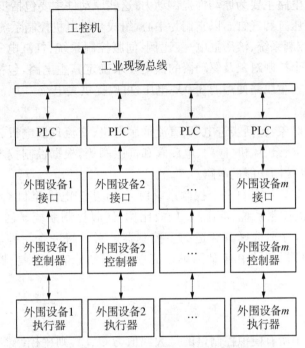

图 5 - 23　基于工业现场总线的 PLC 控制系统结构图

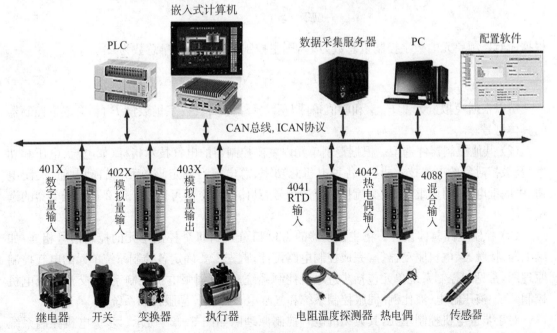

图 5 - 24　基于工业现场总线的 PLC 控制系统实物图

5.4.2.2　控制单元电气控制原理图设计

对于每一个控制单元,如步进电机控制单元、直流伺服电机控制单元、交流伺服电机控制单元、普通直流电机控制单元、普通交流电机控制单元、泵控制单元、阀门控制单元、液压缸控制单元和气缸控制单元等,需要设计其主电路和控制电路。

1) 主电路设计

控制系统中的主电路主要为原动件提供动力,这些原动件主要包括步进电机、直流伺服电机、交流伺服电机、液压缸和气缸。以它们为中心,组成步进电机控制系统、直流伺服电机控制系统、交流伺服电机控制系统、液压缸电-液比例/伺服控制系统、气缸电-气比例/伺服控制系统等。根据上述每一个控制对象及驱动器的供电要求确定其主电路,包括直流电源供电电路和交流电源供电电路。主线路使用的 380 V 电压,可以提供大电流。

2) 控制电路设计

针对每一个控制对象,包括步进电机、直流伺服电机、交流伺服电机、普通交流电机、普通直流电机、液压缸、气缸、泵、风机、阀门、电磁阀和伺服阀等,根据控制技术要求和控制系统组成,设计出能实现自动控制功能的电路。

(1) 主控制器选型。针对每一个控制系统单元,如步进电机控制系统、直流伺服电机控制系统、交流伺服电机控制系统、液压缸电-液比例/伺服控制系统、气缸电-气比例/伺服控制系统所有控制单元,分别选择其合适的主控制器。对于每一个主控制器,设其模拟量总数 M。假定这 M 路模拟信号中有 P 路单端信号、Q 路差分信号,则主控制器模拟量输出点数为

$$P_{Aout} = 1.2(P + 2Q) \tag{5-2}$$

设所有控制单元中所有模拟控制量的最大幅值为 U_{Amax},则主控制器模拟量幅值 U_{Con} 应该满足

$$U_{Con} \geqslant U_{Amax} \tag{5-3}$$

根据所有控制单元的数字控制量总数为 N,则主控制器数字输出量总数为

$$P_{Dout} = 1.2N \tag{5-4}$$

可以根据模拟量数量 P_{Aout} 和幅值条件 $U_{Con} \geqslant U_{Amax}$ 以及数字量数量 P_{Dout} 确定主控制器的具体型号。

(2) 其他控制器件选型。根据控制单元内主要控制器的电气技术指标(如电流、电压和功率)及被控对象的电气技术指标(各种电机总功率、总电流),确定该单元内启动电钮、关闭电钮、中间继电器,时间继电器、交流接触器的型号,具体选型方法可以参照第 2 章低压电器的选型方法。

(3) 控制电路具体设计。将主控制器的 I/O 口分别与每个控制单元的控制信号相连,如继电器、接触器、电机驱动器等,完成控制电路设计;首先需要确定各控制系统单元的电气控制原理图,常见的控制系统单元包括步进电机控制系统、直流伺服电机控制系统、交流伺服电机控制系统、液压缸电-液比例/伺服控制系统和气缸电-气比例/伺服控制系统。

对于步进电机控制单元,其典型的电气控制原理图如图 5-25 所示。步进电机控制系统的具体设计方法可参考文献[1]。

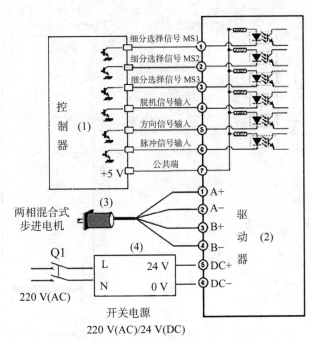

(1)—控制器；(2)—步进电机驱动器；(3)—步进电机；(4)—电源

图 5‑25 步进电机电气控制原理图

对于直流伺服电机控制单元，其典型的电气控制原理图如图 5‑26 所示。直流伺服电机控制系统具体设计方法可参考文献[1]。

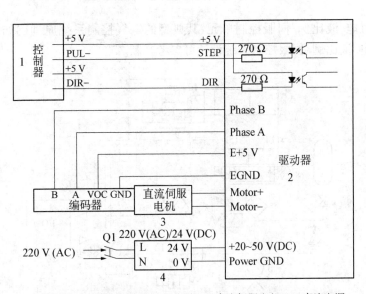

1—控制器；2—直流伺服电机驱动器；3—直流伺服电机；4—直流电源

图 5‑26 直流伺服电机电气控制原理图

对于交流伺服电机控制单元，其典型的电气控制原理图如图 5‑27 所示。交流伺服电机控制系统具体设计方法可参考文献[1]。

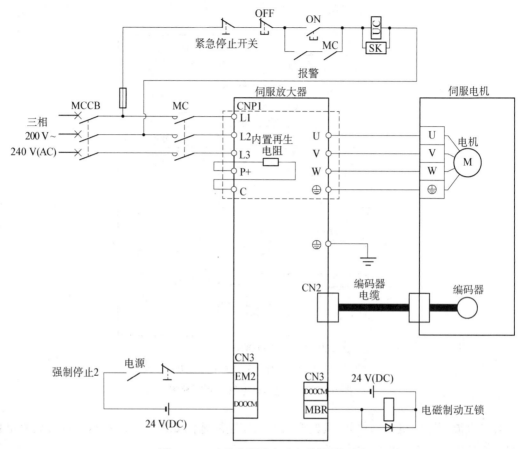

图 5-27　交流伺服电机电气控制原理图

对于液压缸电-液比例/伺服控制单元,其典型的电气控制系统原理图如图 5-28 所示。图中的液压缸电-液比例/伺服控制系统设计可参考文献[2]。

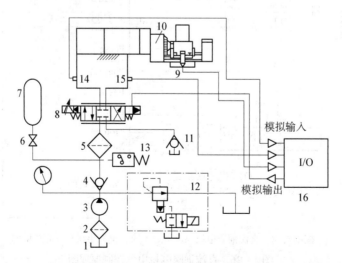

1—油箱;2、5—过滤器;3—泵;4、11—单向阀;6—截止阀;7—蓄能器;8—电-液比例/伺服阀;9—位移传感器;
10—工作台(与活塞连接);12—溢流阀;13—压力继电器;14、15—压力传感器;16—控制器

图 5-28　典型液压缸电-液伺服控制原理图

对于气缸比例/伺服控制单元,其典型的电气控制系统原理图如图 5 - 29 所示。图 5 - 29 中的气缸电-气比例/伺服控制系统设计可以参考文献[2]。

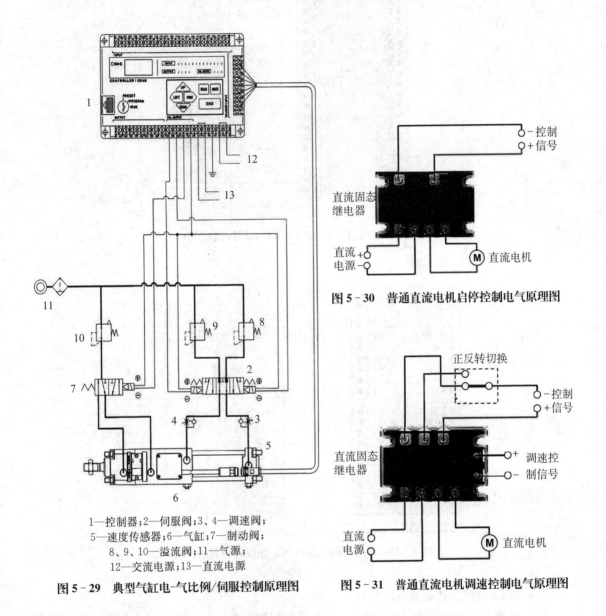

1—控制器;2—伺服阀;3、4—调速阀;
5—速度传感器;6—气缸;7—制动阀;
8、9、10—溢流阀;11—气源;
12—交流电源;13—直流电源

图 5 - 29 典型气缸电-气比例/伺服控制原理图

图 5 - 30 普通直流电机启停控制电气原理图

图 5 - 31 普通直流电机调速控制电气原理图

对于普通直流控制单元,其典型的电气控制系统原理图如图 5 - 30、图 5 - 31 所示。图 5 - 30 中的电气控制系统设计可以参考文献[2]。

对于普通交流电机控制单元,其典型的电气控制系统原理图如图 5 - 32、图 5 - 33 所示。图中的电气控制系统设计可以参考文献[2]。

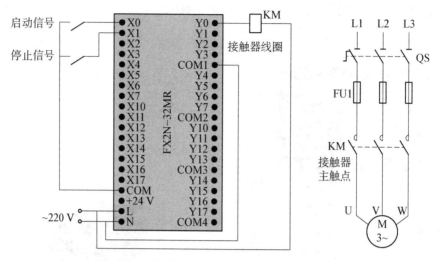

图 5‑32　普通三相电机的 PLC 启停控制原理图

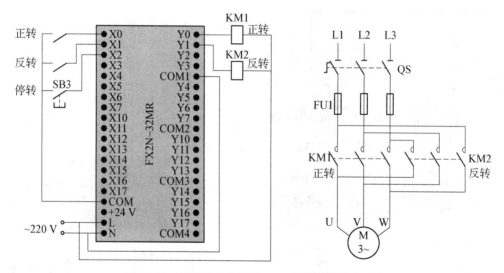

图 5‑33　普通三相电机的 PLC 正反转控制原理图

5.4.2.3　电气总控制原理图设计

电气系统总控制原理图是包括表 5‑5 中所有控制对象,以及表 5‑7 中所有检测对象的电气原理图。

1) 绘制电气总控制原理图时须遵循的基本规则

(1) 主电路和控制电路以粗细线区分。为区别主电路与控制电路,在绘制线路图时主电路(电机、电器及连接线等)用粗线表示,而控制电路(电器及连接线等)用细线表示;通常习惯将主电路放在线路图的左边(或上部),而将控制电路放在右边(或下部),如图 5‑34、图 5‑35 所示。

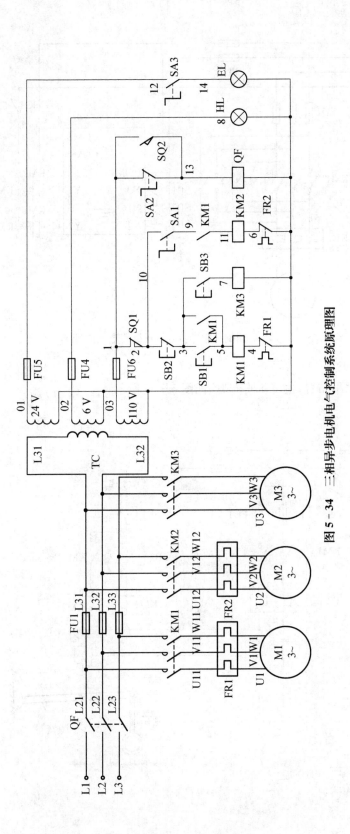

图 5 - 34　三相异步电机电气控制系统原理图

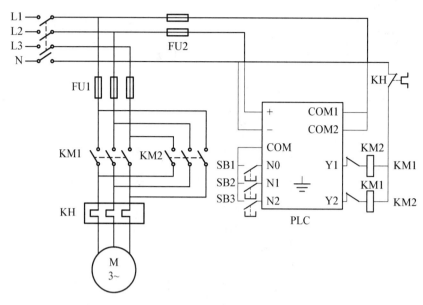

图 5-35　PLC 控制三相异步电机正反转电气原理图

电气原理图可水平布置,也可垂直布置,如图 5-36 所示。

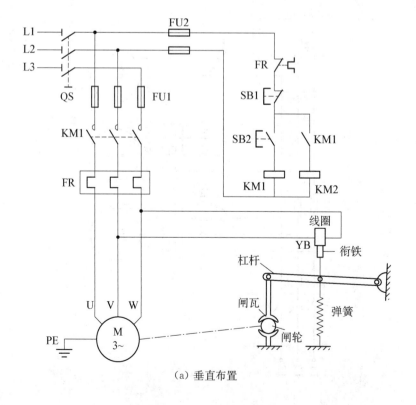

(a) 垂直布置

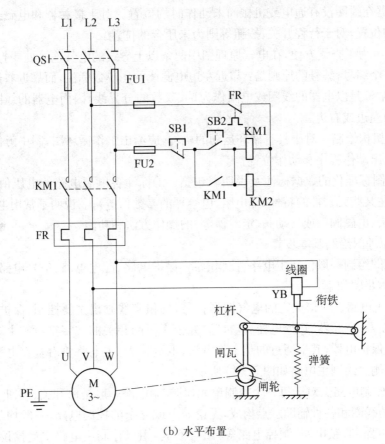

（b）水平布置

图 5 - 36　电气原理图布置方式

电源电路应按水平线绘制，三相交流电源相序 L1、L2、L3 由上而下排列，中线 N 和保护地线 PE 画在相线之下，如图 5 - 37 所示。直流电源正端在上，负端在下画出。

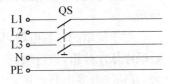

图 5 - 37　电源电路布置

（2）动力电路、控制电路和信号电路绘制。动力电路和电源电路应按水平线绘制，受电的动力设备（如电机等）及其他保护电器应按垂直电源电路方向画出。

控制电路和信号电路应垂直绘制于两条水平电源线之间，耗能元件（如线圈、电磁铁、信号灯等）应直接连接在接地或下方的水平电源线上，控制触头连接在上方水平线与耗能元件之间。

（3）电器位置布置。在电气原理图中各个电器并不按照其实际布置情况绘制在线路上，而是采用同一电器的各个部件分别绘制在它们完成作用的地方。

（4）电气标注。为区别控制线路中各电器的类型和作用，每个电器及其部件用其标准的图形符号表示，且给每个电器赋予一个文字符号；属于同一个电器的各个部件（如接触器的线圈和触头）都用相同规定的文字符号表示；而作用相同的电器都用一定的数字序号表示。

（5）电气触点位置要求。因为各个电器在不同的工作阶段会做不同的动作，触点时闭时开,而在原理图内只能表示一种情况,因此,电气制图规范规定所有电器的触点均表示正常位置,即各个电器在线圈没有通电或机械尚未动作时的位置。对于接触器和电磁式继电器为电磁铁未吸上的位置,对于行程开关、按钮等则为未压合的位置。

(6) 节点。为了查线方便,在电气原理图中两条以上导线的电气连接处要打一圆点,且每个接点要给一个编号;编号的原则是:靠近左边电源线的用单数标注,而靠近右边电源线的用双数标注;通常都是以电器的线圈或电阻作为单、双数的分界线,因而电器的线圈或电阻应尽量放在各行的左边或右边。

(7) 循环机构绘制。对于具有循环运动的机构,应给出工作循环图,图中万能转换开关和行程开关应绘出动作程序和动作位置。

(8) 原理图标准化的数据标注及说明。包括:①标注各电源电路的电压值、极性或频率及相数;②标注某些元器件的特性(如电阻、电容器的参数值等);③说明不常用电器(如位置传感器、手动触头、电磁阀门或气动阀、定时器等)的操作方法和功能。

2) 电气原理图绘制基本步骤

电气原理图绘制一般包括主电路、控制电路、保护电路、配电电路、信号电路、照明电路等的绘制,其基本步骤如下:

(1) 绘制主电路。应依规定的电气图形符号,用粗实线画出主要控制、保护等用电设备,如断路器、熔断器、变频器、热继电器、电机等,并依次标明相关的文字符号。主电路是指受电的动力装置及保护电器,其中通过的是工作电流、电流较大,主电路要沿垂直电源电路方向画在原理图的左侧。绘制主电路如图 5-38 所示。

(2) 绘制控制电路。对于每一个控制单元,其控制电路一般是由开关、按钮、信号指示、接触器、继电器的线圈和各种辅助触点构成,无论简单或复杂的控制电路,一般均是由各种典型电路(如延时电路、联锁电路、顺控电路等)组合而成,用以控制主电路中受控设备的启动、运行、停止,使主电路中的设备按设计工艺要求正常工作。

控制电路、信号电路、照明电路要依次垂直画在电路的右侧。绘制控制电路如图 5-39 所示。

对于简单的控制电路,只须依据主电路要实现的功能,结合生产工艺要求及设备动作的先后顺序依次分析,进行绘制。具体方法是:将若干个控制系统单元的电气控制原理图进行组合,并依次与主电路连接。

对于复杂的控制电路,要按各部分所完成的功能,分割成若干个局部控制电路,然后与典型电路相对照,找出相同之处,依据先简后繁、先易后难的原则逐个画出每个局部环节,再找到各环节的相互关系。

(3) 绘制辅助电路、联锁与保护电路。辅助电路是指给控制元件供电的电路,是控制主电路动作的电路,即给主电路发出指令信号的电路,主要由继电器的线圈和触点、接触器的线圈和触点、主令电器、指示灯和控制变压器等元件组成。

① 合理应用互锁。互锁是利用两个或多个常闭触点来保证线圈不会同时通电的功能。比如电器控制中同一个电机的"开"和"关"两个点动按钮应实现互锁控制,即按下其中一个按钮时,另一个按钮必须自动断开电路,这样可以有效防止两个按钮同时通电造成机械故障或人身伤害事故。是否采用互锁以及采用多少互锁,应根据可能产生的危害来确定。

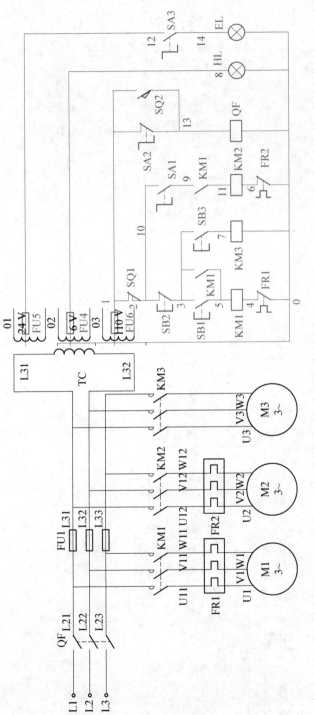

图 5 - 38　第一步：绘制主电路

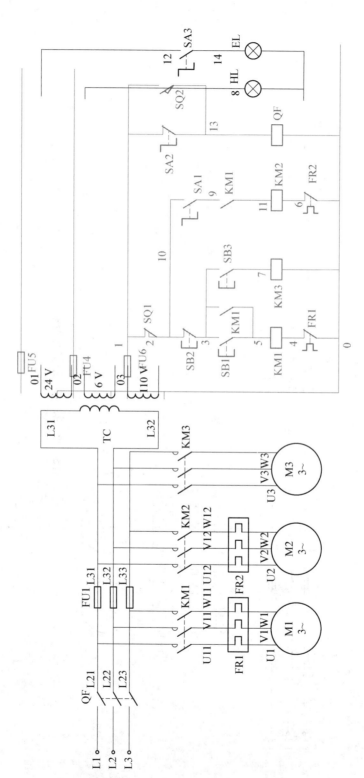

图 5 - 39　第二步：绘制控制电路

②　合理应用自锁和联锁。自锁是通过自身结构，保持动作后的状态，并维持不变，如具有自锁功能的按钮，按下后状态保持不变；而联锁则是另外一个对象的动作受到前个对象的制约，例如，断路器和隔离开关的操作顺序，为了避免隔离开关带负荷操作，则前提是断路器断开的时候才能够操作，因此，需要用到电气联锁。总之，互锁是双向的，联锁是单向的。要根据生产工艺要求及各控制对象之间的动作逻辑（时序）关系确定。

③　合理选择设置保护电路。由于电源电路存在一些不稳定因素，设计用来防止此类不稳定因素影响的回路就称为保护电路。比如有过流保护、过电压保护、过热保护、空载保护和短路保护等。

常见的保护电路类型包括：①过流保护（over-current protection）。当电流过大时自动断电，防止电路中的元器件因超过额定电流而造成损坏。②过电压保护（over-voltage protection）。主要是防止过电压或静电放电（discharge suppression）损坏电子元器件。③过热保护（over temperature protection）。指温度超过某一阈值时就启动相应的保护功能。热继电器就是利用电流的热效应原理，在出现电机不能承受过载时切断电机电路，为电机提供过载保护的保护电器。

上述保护电路要根据控制对象的控制要求，以及不稳定因素产生的可能后果来确定。

（4）修改与完善电气原理图。按照系统所控制对象的动作时序，检查每一个控制对象的电气原理图及其功能的实现情况，出现问题及时修改。

（5）合理选用电器元件，并制订器件明细表。根据每个控制电路的电流之和确定总电源电路中的空气开关、交流接触器。电气系统中的每个低压器件可以根据其类型按照第 2 章中相应的选择方法进行确定。

电气控制系统原理可以用于研究和分析电路工作原理，并可以用于判断控制系统的控制要求是否能实现，也可以用于分析控制系统设计是否合理。

PLC 在电梯控制中得到广泛的应用，无论是单部电梯控制还是多部电梯群控。某一电梯的 PLC 电气原理图如图 5 - 40、图 5 - 41 所示，其主要控制电梯的位置，也具备楼层显示、故障报警等功能。

5.4.2.4　接线图设计

1）电气控制系统单元接线图设计

典型的控制系统单元包括步进电机控制单元、直流伺服电机控制单元、交流伺服电机控制单元、泵控制单元、阀门控制单元和继电器控制单元等。对于每一个控制系统单元绘出其接线图，PLC 控制中间继电器和 PLC 控制电磁阀的接线图如图 5 - 42、图 5 - 43 所示；步进电机控制系统和交流伺服电机电气控制系统接线图如图 5 - 44、图 5 - 45 所示。

2）电气控制系统总接线图设计

通过把步进电机控制单元、直流伺服电机控制单元、交流伺服电机控制单元、泵控制单元、阀门控制单元、继电器控制单元的接线图组合起来，再与总电源电路相连接，可以获得电气系统总接线图。

5.4.3　电气控制装置的工艺设计

为了满足电气控制设备的制造和使用要求，必须进行合理的电气控制工艺设计，从而实现原理设计提出的各项技术指标，并为设备的调试、维护与使用提供相关的图样资料。工艺设计的主要内容有五部分，包括：设计电气总布置图、总安装图与总接线图；设计组件布置图、安装图和接线图；设计电气箱、操作台及非标准元件；列出元器件清单；编写使用维护说明书。

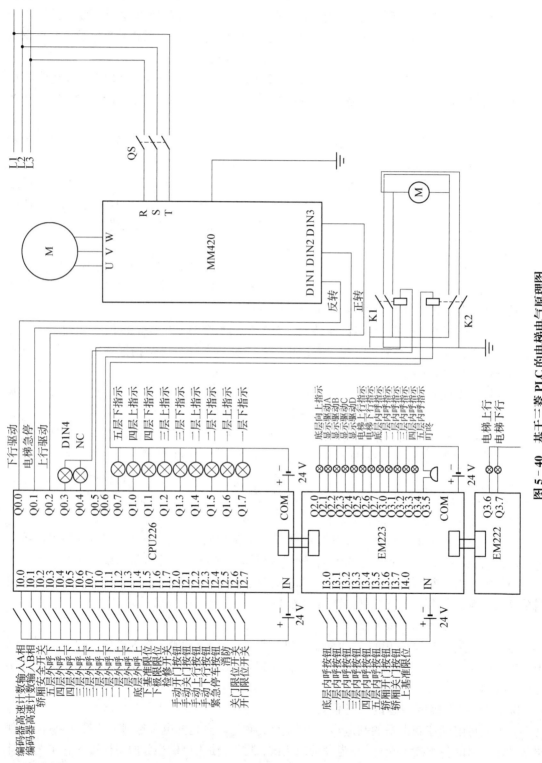

图 5 - 40　基于三菱 PLC 的电梯电气原理图

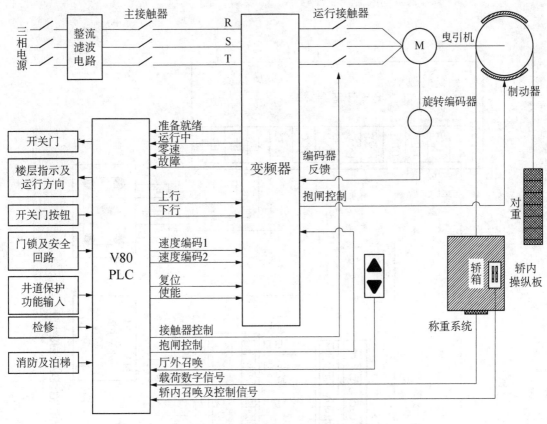

图 5-41 基于维森 PLC 的电梯电气原理图

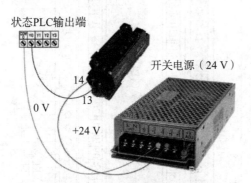

图 5-42 PLC 与中间继电器接线图

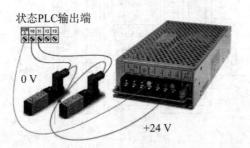

图 5-43 PLC 与电磁阀接线图

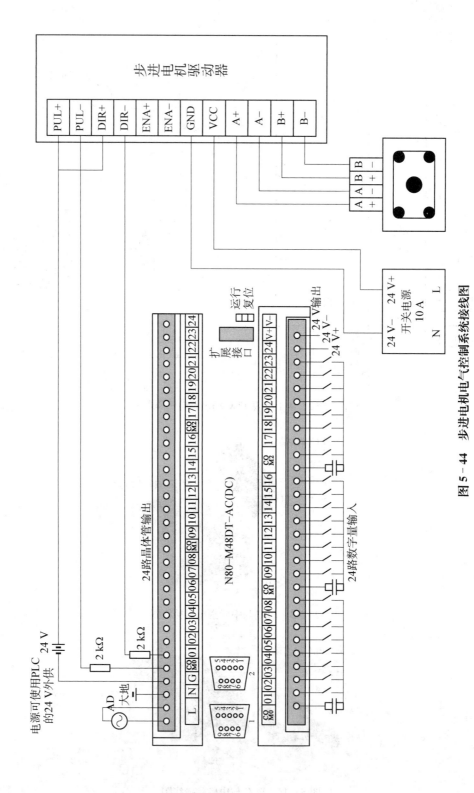

图 5 - 44　步进电机电气控制系统接线图

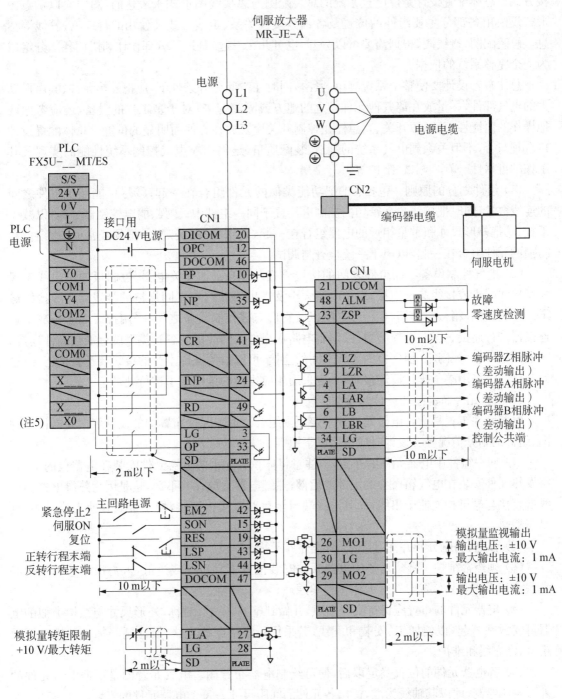

图 5-45 基于 PLC 的交流伺服电机电气控制系统接线图

1) 电气设备的总体布置设计

电气设备总体配置设计任务是根据电气原理图的工作原理与控制要求,先将控制系统划分为若干组成部分(这些组成部分称为部件),再根据电气设备的复杂程度,把每一部件划分成若干组件,之后再根据电气原理图的接线关系整理出各部分的进出线号,并确定它们之间的连接方式。总体配置设计是以电气系统的总装配图与总接线图形式来表达的,图中应以示意图形式反映出各部分主要组件的位置及各部分接线关系、走线方式及使用的行线槽、管线等信息。总装配图、接线图(根据需要可以分开,也可并在一起)是进行分部设计和协调各部分组成为一个完整系统的依据。

总体布置设计要使整个系统集中、紧凑,同时在空间允许条件下,应把发热元件、噪声振动大的电气部件,尽量放在离其他元件较远的地方或隔离起来;对于多工位的设备,还应考虑两地操作的便捷性;总电源开关、紧急停止控制开关应安放在方便而明显的位置。总体配置设计得合理与否,不但关系到电气系统的制造、装配质量,还将影响电气控制系统性能的实现及其工作的可靠性、操作、调试、维护等。

(1)组件划分的原则。包括:①把功能类似的元件组合在一起;②尽可能减少组件之间的连线数量,同时把接线关系密切的控制电器置于同一组件中;③强、弱电控制器分离,以减少干扰;④把外形尺寸和重量相近的电器组合在一起,以求整齐、美观;⑤把须经常调节、维护和易损的元件组合在一起,以便于系统检查与调试。

(2)电气控制设备不同组件之间的接线方式。包括:①开关电器、控制板的进出线一般采用接线端头或接线鼻子连接,应按电流大小及进出线数选用不同规格的接线端头或接线鼻子。②电气柜(箱)、控制箱、柜(台)之间以及它们与被控制设备之间,采用接线端子排或工业连接器进行连接。③弱电控制组件、印制电路板组件之间应采用各种类型的标准接插件连接。④电气柜(箱)、控制箱、柜(台)内元件之间的连接,可以借用元件本身的接线端子直接连接;过渡连接线应采用端子排过渡连接,端头应采用相应规格的接线端子进行处理。

2)电器元件布置图的设计与绘制

电器元件布置是指将电器元件按一定原则组合。电器元件布置图的设计依据是部件原理图、组件的划分情况等。设计时应遵循以下原则:

(1)同一组件中电器元件的布置,应注意将体积大和重的电器元件安装在电器板的下面,将发热元件安装在电气箱(柜)的上部或后部;热继电器宜放在其下部,这是因为热继电器的出线端直接与电机相连便于出线,而其进线端与接触器直接相连接,便于接线并使走线最短,且易于散热。

(2)强电、弱电分开并注意屏蔽,防止外界干扰。

(3)须经常维护、检修、调整的电器元件安装位置不宜过高或过低,人力操作开关及须经常观测仪表的安装位置应符合人体工程学原理。

(4)电器元件的布置应保持安全间隙,并做到整齐、美观、对称,外形尺寸与结构类似的电器可安放在一起,以便加工、安装和配线;若采用行线槽配线方式,则应适当加大各排电器间距,以利布线和维护。

(5)各电器元件的位置确定以后,便可绘制电器布置图。电气布置图是根据电器元件的外形轮廓绘制,即以其轴线为准,标出各元件的间距尺寸。每个电器元件的安装尺寸及其公差范围,均应按产品说明书的标准标注,以保证安装板的加工质量和各电器的顺利安装。大型电气柜中的电器元件,宜安装在两个安装横梁之间,从而可减轻柜体重量和节约材料;另外为便于安装,设计时应确定纵向安装尺寸。

(6)在电器布置图设计中,还要根据部件进出线的数量、导线规格及进出线位置等,选择合适的进出线方式及接线端子排、连接器或插件,并按一定顺序标上进出线的接线号,以便接线和检查。

3）电器部件接线图的绘制

电器部件接线图根据部件电气原理及电器元件布置图绘制，它表示成套装置的连接关系，也是电气安装、维修、查线的依据。接线图应按以下原则绘制：

（1）接线图和接线表的绘制应符合 GB 6988.6—1993《控制系统功能表图的绘制》的相关规定。

（2）所有电气元件及其引线标注应与电气原理图中的文字符号及接线号相一致。原理图中的项目代号、端子号及导线号的编制分别应符合 GB 5094—1985《电气技术中的项目代号》、GB 4026—1992《电器设备接线端子和特定导线线端的识别及应用字母数字系统的通则》及 GB 4884—1985《绝缘导线的标记》等的相关规定。

（3）与电气原理图不同，在接线图中同一电器元件的各个部分（触头、线圈等）必须画在一起。

（4）电气接线图一律采用细线绘制。接线图走线方式分板前走线及板后走线两种，一般采用板前走线；对于简单电气控制部件，电器元件数量较少，接线关系不复杂的，可直接画出元件间的连线；而对于复杂部件，电器元件数量多，接线较复杂的情况，一般采用走线槽，此时只要在各电器元件上标出接线号，不必画出各元件间连线。

（5）接线图中应标出配线用的各种导线的型号、规格、截面积及颜色要求等。

（6）部件与外电路连接时，大截面导线进出线宜采用连接器连接，其他导线应经接线端子排连接。

4）电气柜（箱）设计

电气控制柜（箱）设计要符合电气设计系统既定的逻辑控制规律，以保证电气安全及满足生产工艺的要求。电气柜（箱）设计包括电气控制柜的结构设计、电气控制柜总体配置图、总接线图设计及各部分的电器装配图与接线图设计，以及元器件目录、进出线型号及主要材料清单等技术资料。

为了满足电气控制设备的制造和使用要求，电气柜（箱）必须进行合理的电气控制工艺设计。这些设计包括电气控制柜的结构设计、电气控制柜总体配置图、总接线图设计及各部分的电器装配图与接线图设计，同时还要有部分的元件目录、进出线号及主要材料清单等技术资料。

（1）电气控制系统总体配置设计。电气控制柜总体配置设计任务是根据电气原理图中的工作原理与控制要求，先将控制系统划分为若干组成部分（这些组成部分称为部件），把每一部件划成若干组件，然后根据电气原理图的接线关系整理出各部分的进出线号，并确定它们之间的连接方式。

总体配置设计是以电气系统的总装配图与总接线图形式来表达的，图中应以示意图形式反映出各部分中主要组件的位置、接线关系、走线方式及使用的行线槽、管线等。

电气控制柜总装配图、接线图（根据需要可以分开，也可并在一起）是进行分部设计和协调各部分组成为一个完整系统的依据。总体设计可使整个电气控制系统集中、紧凑，并兼顾以下要求：①在空间允许条件下，同时把发热元件、噪声振动大的电气部件，尽量放在离其他元件较远的地方或隔离起来；②对于多工位的大型设备，还应考虑两地操作的便捷性；③控制柜的总电源开关、紧急停止控制开关应安放在方便而明显的位置。

（2）控制柜组件的划分。由于各种电器元件安装位置不同，在构成一个完整的电气控制系统时，就必须划分组件。划分组件的原则如下：①把功能类似的元件组合在一起；②尽可能减少组件之间的连线数量,同时把接线关系密切的控制电器置于同一组件中;③强电、弱电控制器应分离,以减少干扰;④为力求整齐美观,可把外形尺寸、重量相近的电器组合在一起;⑤为了电气控制系统便于检查与调试,把须经常调节、维护和易损元件组合在一起。

（3）连线方式的原则。在划分电气控制柜组件的同时,要解决组件之间、电气箱之间以及电气箱与被控制装置之间的连线方式。连线方式一般应遵循"电气控制设备不同组件之间的接线方式"要求。

（4）电气部件接线图的绘制。遵循电气部件接线图的绘制原则。

（5）控制柜及非标准零件图的设计。电气控制装置通常都需要制作单独的电气控制柜或控制箱。应尽可能选用标准的控制柜(箱),根据其结构,完成控制柜零件图设计和非标零件设计。

5.4.4 电气控制系统应用程序开发

1) 确定控制算法

根据表 5-5 中所有控制对象的控制要求来设计控制算法,它是指完成所有控制要求的方法和步骤,其设计流程如图 5-46 所示。

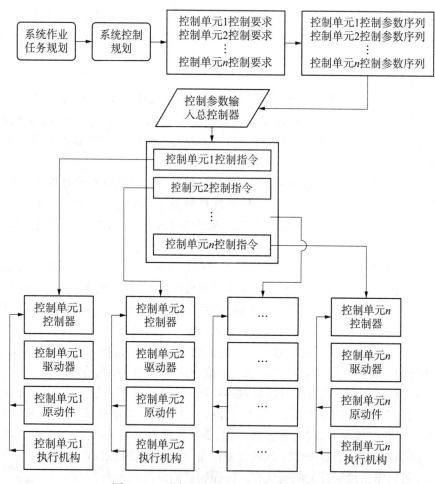

图 5-46 电气控制系统控制算法设计流程

2) 选择应用程序开发平台

目前全球主要 PLC 品牌及其编程软件见表 5 - 25。可以根据控制系统要求、控制对象的数量、开发成本、技术支持水平、售后服务水平,选择合适的 PLC 开发平台。

表 5 - 25   全球主要 PLC 品牌

主要 PLC 品牌	编程软件类型
西门子 PLC	(1) 西门子 S7 - 200 系列 PLC 编程软件:STEP 7 MicroWIN V4.0 incl SP9 (2) 西门子 S7 - SMART 200 系列 PLC 编程软件:STEP 7 MicroWIN SMART (3) 西门子 S7 - 1200 系列 PLC 编程软件:SIMATIC STEP7 Basic V10.5 SP2 Internet (4) 西门子 S7 - 307 - 307 - 307 - 307 - 307 - 300 400 系列 PLC 编程软件:STEP7 V5.4 CN (5) 7 - 307 - 300 400 系列 PLC 编程软件:STEP7 V5.5 CN (6) 西门子触摸屏组态软件:WinCC flexible 2008 SP4
三菱 PLC	(1) 三菱 PLC 编程软件:GX Works2 (2) 三菱 PLC 编程软件:GX Developer 8.86 (3) 三菱触摸屏组态软件:GT Designer 3
欧姆龙 PLC	(1) 欧姆龙 PLC 编程软件:CX - ONE 4.26 CX-Programmer V9.41 (2) 欧姆龙触摸屏组态软件:NBD V123 (3) 欧姆龙触摸屏组态软件:NTST V4.8C
松下 PLC	(1) 松下 PLC 编程软件:FPWIN GR V2.917 (2) 松下 PLC 编程软件:FPWIN Pro 6.310 (3) 松下触摸屏组态软件:GTWIN SPV298E (4) 松下触摸屏组态软件:GH Screen Editor V4.12
台达 PLC	(1) 台达 PLC 编程软件:Delta WPLSoft_V2.34 (2) 台达 DOP - B 系列触摸屏组态软件:Delta_DOPSoft 1.01.04 (3) 台达网络型 DOP 系列触摸屏组态软件:Delta DOP eRemote 2.00.06
罗克韦尔 PLC	(1) 罗克韦尔 AB PLC 编程软件:RSLogix500 V8.1 (2) 罗克韦尔 AB PLC 编程软件:RSLogix5000 V19 CN
富士 PLC	(1) 富士 PLC 编程软件:SX Programmer Standard V3 (2) 富士 PLC 编程软件:SX Programmer Expert D300 WIN V3440 (3) 富士触摸屏组态软件:V - SFT5(5.4.20.0)

3) 设计控制系统时序

为了保证系统工作的有序进行,需要根据系统作业任务规划每个运动单元的运行时序,如图 5 - 47 所示。

4) 开发应用程序

(1) 控制系统用户界面设计。控制系统面板是检测系统与用户之间的接口,数据采集参数的输入、数据采集结果显示、中间过程计算结果显示、最终目标结果显示、系统运行状态及系统的操纵(检测系统的启动、关闭、数据存储等)等任务,由前面板上相应的控件完成。

(2) 信号采集模块设计。数据采集模块的功能是根据检测系统运行指令和相关的参数设

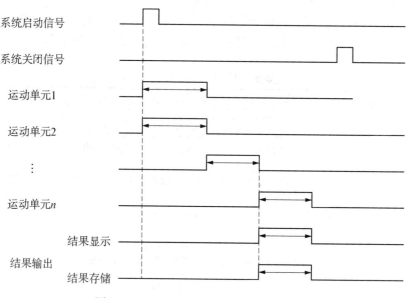

系统启动信号

系统关闭信号

运动单元1

运动单元2

运动单元n

结果显示

结果输出

结果存储

图 5 - 47　小型 PLC 控制系统运行时序图

置,启动 ADC,并完成采样数据进入计算机的内存或缓存中去,需要编程才能实现这一功能。ADC 生产厂家一般不会为用户提供其全部源文件,而是为用户提供其产品的静态链接库或动态链接库,用户通过编程,调研静态库或动态库,才能完成数据采集功能。

（3）测量结果输出模块设计。检测系统的测量结果输出模块包括结果显示、测量报告输出及测量结果存储。"测量结果屏幕显示""测量报告生成"以及"测量结果存储"三个子模块之间是"并行关系",即这三个子模块之间没有信息输入和输出的关系,也没有逻辑上的先后关系。因此,要采用"并行编程"技术实现该目标。

（4）系统自检功能。控制系统自检一般包括开机自检、周期性自检和键控自检。可以根据需要选择并设计合适的自检方式。

按照图 5 - 47 所示的算法,依据表 5 - 12～表 5 - 20 所示控制系统类型,以及 PLC 应用程序开发平台,将其"翻译"成应用程序。

5.4.5　设计说明书和使用说明书编写

设计说明书和使用说明书是设计审定、调试、使用、维护过程中必不可少的技术资料。设计说明书和使用说明书应包括拖动方案的选择依据,本系统的主要原理与特点,主要参数的计算过程,各项技术指标的实现,设备调试的要求和方法,设备使用、维护要求,使用注意事项等。

参考文献

［1］天津电气传动设计研究所.电气传动自动化技术手册[M].3 版.北京：机械工业出版社,2011.

［2］闻邦椿.机械设计手册[M].6 版.北京：机械工业出版社,2017.

思考与练习

1. 如图 5-48 所示三自由度滑台,行程为 X- 500 mm、Y-600 mm、Z-300 mm;机械传动方案为步进电机+减速器+丝杠;末端额定负载 20 kg,每个轴的最大移动速度为 0.05 m/s。

(1) 确定每个轴的步进电机(含驱动器)、减速器和丝杠的型号。

(2) 根据上述要求,确定 PLC 类型以及相关模块类型。

(3) 绘制控制系统电气原理图和接线图。

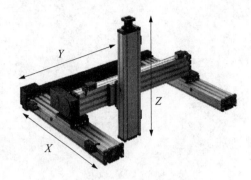

图 5-48 三自由度滑台

2. 如图 5-49 所示的电梯,载重 1000 kg,电梯重量为 1300 kg(包括轿厢壁、轿顶、轿底、轿厢门、安装轿厢的框架、开门装置、轿厢内部和上部的电器设备、安全钳及联动装置等),电梯速度 1.5 m/s;设计要求为:

(1) 行车方向由内选信号决定,顺向优先执行。

(2) 行车途中如遇呼梯信号时,顺向截车,反向不截车。

(3) 内选信号、呼梯信号具有记忆功能,执行后解除。

(4) 内选信号、呼梯信号、行车方向、行车楼层位置均有信号灯指示。

(5) 停层时可延时 3 s 自动开门、手动开门、(关门过程中)本层顺向呼梯开门。

(6) 有内选信号时延时自动关门,关门后延时自动行车。

(7) 无内选时延时 8 s 自动关门,但不能自动行车。

(8) 行车时不能手动开门或本层呼梯开门,开门不能行车。

根据上述条件和要求:

(1) 分别确定曳引电机、减速器的类型和型号。

(2) 根据上述控制要求,分别确定 PLC、变频器的类型和型号。

(3) 绘制控制系统电气原理图和接线图。

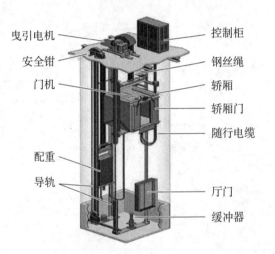

图 5-49 电梯结构